新技術融合シリーズ：第6巻

メカトロ油圧技術

(社) 日本機械学会編

2001

東　京
株式会社
養賢堂発行

巻　頭　言

　約10年前，日本機械学会から「メカトロニクス」シリーズが出版されて以来，エレクトロニクス技術と精密加工技術の進歩に支えられ，各種の産業機器はメカトロニクス化が著しく進展した．特に，非接触で制御しやすく，高度の機能化が可能な電気・磁気的要素に機械要素の多くが置き換えられつつある．さらに，高機能性材料を用いた各種の高性能なセンサやアクチュエータが開発されつつある．

　このような状況において，機械，電気・電子，制御，材料工学の融合が一段と進み，機械や構造物のインテリジェント化が可能となりつつある．すなわち，インテリジェント化により高性能化のみならず人や環境にやさしい柔軟な構造物が実現できる．さらに，材料自身のインテリジェント化の研究も始まっている．

　以上の認識のもとに，「新技術融合」シリーズ(全8巻)として，出版分科会(別記のとおり11名の委員で構成)を設けて編集に当たり，ここに出版の運びとなったことは，機械や構造物のインテリジェント化の進展にとって有意義であり，時宜を得たものと思われる．

　本書の読者としては，機械工学，電気工学，制御工学専攻の学生はもとより，すでに実務に携わっている技術者，研究者をも対象としている．これらの人達のために理解しやすい解説書であり，実務書であるよう企画・編集した．各巻のテーマは日本機械学会機械力学・計測制御部門と関係が深いものに絞り，各巻ごとに基礎から応用までを視野に入れて執筆された．なお，各巻は日本機械学会所属の研究会報告書や講習会テキストなどから抜粋されたものもあるが，各巻の内容が豊富で，読者にとって役に立つものであると確信している．

　インテリジェント化の進歩は，目下極めて顕著であるが，本書から最先端分野の現状と社会のニーズ，および将来の方向を読み取っていただければ幸いである．

　終わりに，出版に際して種々お世話になった「新技術融合」シリーズ出版

分科会委員諸賢，ならびに日本機械学会事務局長 高橋征生氏と養賢堂 及川清社長ならびに三浦信幸氏に心からお礼申し上げ，本書がこれらの方々の期待に応えることを祈念する次第である．

2001年4月

谷　順　二

「新技術融合」シリーズ出版分科会

主　査
谷　順　二　　東北大学 流体科学研究所 教授

幹　事
清　水　信　行　　いわき明星大学 理工学部 教授

委　員
岩　壼　卓　三　　神戸大学 工学部 教授
岡　田　養　二　　茨城大学 工学部 教授
斉　藤　　忍　　石川島播磨重工業(株) 技術本部 技監
鈴　木　浩　平　　東京都立大学 工学部 教授
背　戸　一　登　　日本大学 理工学部 教授
長　松　昭　男　　法政大学 工学部 教授
永　井　正　夫　　東京農工大学 工学部 教授
原　　文　雄　　東京理科大学 工学部 教授
山　田　一　郎　　日本電信電話(株) NTT生活環境研究所 所長

はじめに

　油圧機器・システムは，比較的大きな動力伝達が可能であり，また制御が容易であるという特徴もあって，工作機械，土木建設機械，自動車，鉄道車両，船舶，航空機，荷役機械などの多岐にわたる分野で用いられてきている．日本経済の高度成長期には，省力・自動化機能を十分に発揮し，労働力の代替をはじめとして生産性の向上に大きく寄与した．

　近年においては，半導体技術，コンピュータ技術およびそれらを取り巻く周辺技術の長足の進歩に伴って，油圧機器・システムも他の諸機械・装置と同様にエレクトロニクス化をはじめとして新たな展開がなされている．特に，ハイドロ・メカニカルな油圧技術から油圧技術とメカトロ制御技術とが融合化したメカトロ油圧技術への展開が著しく，これまでよりも一層の高機能化・高性能化・高品質化・インテリジェント化を指向した研究開発に力点が置かれているようである．

　これからの油圧機器・システムの設計・開発に必要とされる要素技術は，いままでよりも多岐にわたることになったが，特に動的問題に対処するためのダイナミックスと性能・機能・高度化のための制御技術のウェイトが大きくなっている．このような背景を踏まえて，本書では油圧機器・システムに関するメカトロ制御とダイナミックスに焦点を絞り，基礎的・先端的理論とそれらの応用技術を解説する．また，応用例を挙げて，理論の理解を助け，かつ深めるように努めた．

　日本機械学会としては，過去に「油空圧とエレクトロニクスの複合調査分科会」（P-SC 71）および「油圧機器・システムの制御とダイナミックスに関する調査研究分科会」（P-SC 181）により，油圧技術，ダイナミックス，エレクトロニクス，制御などを関連づけた技術動向を調査した経緯がある．これらの調査研究の終了時点で，「新技術融合」シリーズ出版分科会からシリーズ中の一冊としてまとめるようにとの要望があり，ご造詣の深い方々の協力を得て執筆にとりかかった．このようないきさつの中で，本書は，これらのかつての調査結果も踏まえ，それらの延長線上に位置づけた内容とし，か

はじめに

つメカトロ油圧技術という新たな断面でとりまとめた．

　制御という面だけからでは多くの専門書が出版されている．また，油圧機器・システムについてもハイドロ・メカニカルな内容に特定した書籍が数多く出版されている．本書は，両者を融合させる形と内容でまとめ上げた執筆者各位の労作である．この特色のある書籍の執筆のチャンスを与えて下さった「新技術融合」シリーズ分科会諸賢に心からお礼申し上げます．執筆者らは，本書に関係のある最先端の分野で活躍中の方々であり，研究開発に関する多くの体験・知見をもとに，メカトロ化した油圧機器・システムの構成・動作・機能・応用例などを理論とともに要領よく解説している．

　本書では最新の情報提供を目指したことと，紙面の都合もあって説明不足の点があると思われるが，各章ごとに引用した参考文献を記載したので，参照の上，説明不足を補っていただければ幸いである．

　本書が，新たな展開と技術革新を画しつつあるメカトロ油圧技術をこれから学ぶ方々の入門書・啓蒙書となり，また新技術融合の所産であるメカトロ油圧技術の今後の発展と飛躍に役立てていただければ幸いである．

　本書は，他の新技術融合シリーズに比べると発行が大分遅れた．本書のプログラム構成は，編集幹事のご努力により早々と企画・立案できたが，その後の原稿執筆の大幅な遅れが発刊の遅れの原因となった．それにもかかわらず熱意をもってご激励し続けて下さった養賢堂の三浦信幸氏をはじめとする編集部関係各位に深甚の謝意を表します．

2001 年 5 月

代表執筆者　藤澤　二三夫

執筆者一覧

代表執筆者

藤澤二二夫（静岡文化芸術大学 デザイン学部）………………第1章

執筆者

池尾　茂（上智大学 理工学部）……………………………第2章
佐々木 実（岐阜大学 工学部）………………………………第3章
横田 眞一（東京工業大学 精密工学研究所）………………第4章
諸岡 泰男（(株)日立製作所 日立研究所）…………………第5章
永井 正夫（東京農工大学 工学部）　………………………6.1節
赤津 洋介（日産自動車(株) 総合研究所）…………………6.2節
檜垣　博（(株)日立製作所 電力・電機グループ）……6.3節
一柳　健（東京工科大学 工学部）…………………………第7章

編集幹事一覧

主査：藤澤二二夫（静岡文化芸術大学 デザイン学部）
幹事：池尾　茂（上智大学 理工学部）
　　　平井 洋武（名古屋工業大学 工学部）
　　　中村 一朗（日立水戸エンジニアリング(株) 設計第1部）

目 次

第1章 メカトロニクス化の油圧機器

1.1 油圧制御システムの特徴 ……1
1.2 油圧制御システムの構成 ……4
1.3 油圧ポンプの制御 …………6
  1.3.1 油圧ポンプの流量制御方式 ……………………6
  1.3.2 油圧ポンプのメカトロニクス化 …………………8
  1.3.3 油圧ポンプの脈圧低減法 …………………………11
  1.3.4 油圧ポンプの騒音低減法 …………………………12
  1.3.5 油圧ポンプ駆動用電動機 …………………………13
  1.3.6 小型高速ポンプ ………13
1.4 油圧制御弁 ………………15
  1.4.1 サーボ弁 ……………15
  1.4.2 比例電磁弁 …………19
  1.4.3 高速電磁弁 …………21
  1.4.4 ポペット弁 …………24
参考文献 ……………………26

第2章 油圧システムの適応制御

2.1 適応制御とは ……………29
2.2 適応制御理論の基礎 ……30
  2.2.1 極配置 ………………31
  2.2.2 Exact Model Matching (EMM) ………………32
  2.2.3 適応制御 ……………34
  2.2.4 離散時間モデル規範型適応制御系の設計 ………35
  （1）規範モデルの設計 ……36
  （2）離散時間適応制御系の構成 …………………37
2.3 電気・油圧サーボ系へのz変換を用いた適応制御系の設計 ……………………40
2.4 適応制御理論の応用 ………43
参考文献 ……………………48

第3章 油圧システムのファジィ制御

3.1 ファジィ制御の基礎理論 …49
3.2 ファジィ制御の特徴と問題点 …………………………52
3.3 ファジィ制御の油圧システムへの応用事例概観 ………53
3.4 ファジィ制御の油圧システムへの適用事例 …………55
  3.4.1 油圧システムの構成 …56
  3.4.2 ファジィコントローラの設計 …………………56
  3.4.3 前件部と後件部定数 …57
  3.4.4 数値シミュレーション条件 ……………………58
  3.4.5 学習アルゴリズム ……58

3.4.6 従来のファジィ制御方法によるシミュレーション ……………60
3.4.7 ルールの改善に関する検討 ………………………61
3.4.8 分割数と制御性能についての検討 ………………65
3.5 学習型ファジィ制御における位相補償性 ……………………66
　3.5.1 数値シミュレーション条件 …………………………67
　3.5.2 数値シミュレーション結果 …………………………69
参考文献 ……………………………72

第4章　ロバスト制御

4.1 制御とは、ロバストとは …74
　4.1.1 ロバスト制御 …………76
　4.1.2 油圧制御とロバスト制御 ……………………………78
　4.1.3 6軸油圧マニピュレータの各軸の動特性の数学モデル ……………………82
　　（1）油圧駆動多関節マニピュレータ …………………82
　　（2）マニピュレータ制御系のモデル化 ……………83
4.2 H_∞制御 …………………84
4.3 スライディングモード制御 89
　4.3.1 スライディングモード制御系の設計 ……………90
　4.3.2 シミュレーション ……92
　4.3.3 ステップ制御実験 ……93
　　（1）スライディングモードによるステップ応答実験 …………………………93
　　（2）チャタリングの抑制とロバスト性 ……………95
4.4 2自由度制御 ……………96
　4.4.1 1自由度系の設計の問題点および2自由度制御の利点と設計の難しさ …96
　4.4.2 外乱オブザーバによる外乱補償制御 ……………98
　4.4.3 外乱オブザーバの安定化制御器の設計 ………102
　4.4.4 安定化フィルタ $Q(s)$のH_∞制御理論による導出 ……………………………104
4.5 実験を通してのロバスト制御手法の比較と評価 ……………106
　4.5.1 ロバスト性評価項目 …107
　4.5.2 実験装置 ………………108
　4.5.3 ロバスト性評価項目に基づく実験結果 ………110
4.6 おわりに ……………………117
参考文献 ……………………118

第5章　油圧システムのニューラルネットワーク制御

5.1 制御技術の変遷 …………120
　（1）フィードフォワード制御 ……………………………121
　（2）フィードバック制御　121

5.2 ニューラルネットワーク応用制御技術の背景 ……123
5.3 ニューラルネットワークの構造と特徴 ……123
5.4 ニューラルネットワークの機能 ……127
5.5 オートチューニングへの適用例 ……129
5.5.1 チューニングシステムの構成 ……129
5.5.2 モータ速度制御への適用例 ……132
5.6 圧延機制御での適用例 ……135
5.7 おわりに ……140
参考文献 ……140

第6章 油圧応用アクティブ振動制御

6.1 振動制御の基礎理論 ……142
　6.1.1 振動乗り心地 ……142
　6.1.2 車両の振動モデル ……143
　　（1）上下2自由度振動モデル ……143
　　（2）車体の上下・ピッチング振動 ……145
　6.1.3 車両振動制御の形態 …146
　6.1.4 セミアクティブ制御手法 ……148
　6.1.5 アクティブ振動制御手法 ……149
　6.1.6 生物に学ぶ制御手法 …151
6.2 自動車の油圧応用アクティブ振動制御 ……152
　6.2.1 はじめに ……152
　6.2.2 アクティブサスペンション ……152
　　（1）アクティブサスペンションのモデル ……152
　　（2）アクティブサスペンションの形式および特徴 ……153
　　（3）アクティブサスペンションの制御理論 ……155
　　（4）アクティブサスペンションの構成 ……158
　　（5）アクティブサスペンションの制御効果 ……159
　6.2.3 車両振動制御の将来展望 ……160
6.3 鉄道車両の油圧応用アクティブ振動制御 ……160
　6.3.1 はじめに ……160
　6.3.2 システムの特徴 ……161
　　（1）システム構成 ……161
　　（2）コントローラの周波数特性 ……163
　　（3）曲線区間における超過遠心加速度の影響の補正 ……164
　6.3.3 直線区間高速走行試験結果 ……165
　　（1）左右振動加速度の低減効果 ……165
　　（2）上下振動波形の分析 ……167
　　（3）振動制御系の周波数特性 ……167
　6.3.4 曲線区間高速走行試験結

　　　　　　果 ·················169
　6.3.5 おわりに ··············172

参考文献 ························172

第7章　高効率油圧システム

7.1 はじめに ················174
7.2 定圧力源システム ············174
7.3 油圧トランスミッション ···179
　7.3.1 CPSによる駆動法　···179
　7.3.2 HSTによる車両の駆動
　　　　法 ················181
7.4 HMT(Hydro-Mechanical
　　Transmission) ············184
7.5 車両におけるエネルギー回収
　　システム ···················187
7.6 マルチアクチュエータ開回路
　　における省エネルギーシステ
　　ム ························188
7.7 プレス分野における省エネ
　　ギー回路 ·······················192

参考文献 ························194

索　引 ·····························195

第1章 メカトロニクス化の油圧機器

1.1 油圧制御システムの特徴

　油圧機器・システムは，比較的大きな動力伝達が可能であり，また制御が容易であるという特徴があり，工作機械，土木建設機械，車両，船舶，荷役機械などの多岐にわたる分野で用いられている．かつては，省力・自動化機能を存分に発揮し，労働力の代替をはじめとして生産性の向上に大きく寄与した．近年においては，半導体技術，コンピュータ技術およびそれらに関連した周辺技術の長足の進歩に伴って，油圧機器・システムも他の諸機械・装置・設備と同様にエレクトロニクスの導入およびメカトロニクス化をはじめとして新たな展開がなされている．特に，油圧機器・システム化に関するメカトロニクス化の研究開発はめざましいものがある．

　油圧制御システムは用途に応じて種々の構成が考えられるが，一つの典型的な構成として図1.1を挙げることができる．油圧ポンプで発生した流体エネルギーを油圧制御弁を介して油圧アクチュエータに供給する．油圧アクチュエータは，流体エネルギーを機械的エネルギーに変換し，負荷を動かす．油圧アクチュエータまたは負荷の運動はセンサで検出され，コントローラにフィードバックされる．

　ところで，負荷としての対象物を動かしたり，またはある種の運動を与え

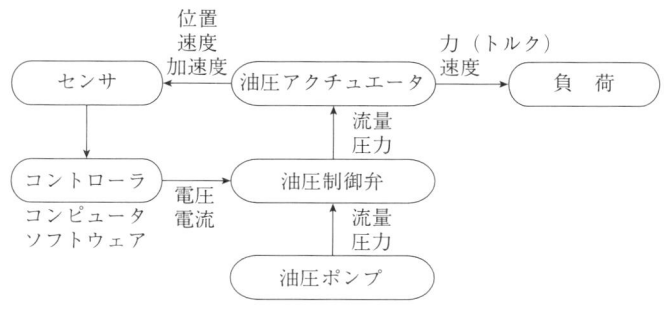

図1.1　油圧制御システムの構成

表 1.1　アクチュエータの性能評価[1]

	電気式	油圧式	空気圧式
操作力	〈小～中〉 回転運動力	〈大〉 直線運動力 回転運動力	〈小～中〉 直線運動力
速応性	〈中〉 低慣性サーボモータにより改善	〈高〉 トルク/慣性比：大	〈低〉 配管系損失小
大きさ・重量	プリンタモータなどにより改善	出力/重量比：非常に大 油圧パワーユニット	出力/重力比：大きくできる 小型・低出力に利用価値
制御性	〈高〉	〈高〉 剛性：高	〈低〉 剛性：低
安全性	〈中〉 過負荷に弱い 防爆対策要	〈低〉 過負荷に強い 火災の危険あり（油漏れ）	〈高〉 過負荷に最も強い 人体への危険小
使いやすさ	〈高〉 周辺機器豊富	〈低〉 作動油管理 （フラッシング，フィルタ）	〈中〉 水分除去
寿命	〈長〉 サイリスタ駆動 保守間隔長い	〈中〉 定期的保守	〈中〉 潤滑性低い 定期的保守
コスト	〈中〉	〈高〉	〈安〉

る手段としては種々の方法があるが，特殊なケースを除けば代表的な方法として，油圧式，空気圧式，電気式のアクチュエータによる駆動を挙げることができる．それぞれ長所と短所があり，一概に優劣の区別はできない．それらの用途に応じて適材・適所の使い分けが必要である．

表 1.1 は，三つの駆動方式について，性能，機能，保守，コストなどの比較を行なったものである[1]．表中の油圧式の欄に着目する．油圧式は大きな力やトルクが容易に得られ，また直線運動と回転運動のいずれもが容易である．その上に，トルク/慣性比が大きいので高速応答が可能である．一方，油圧システムの全体的な点に着目すると，油圧パワーユニットが大きく，かつ重いということが用途によっては欠点となることがある．また，油圧機器内部には，狭い通油孔があったり，摺動部があるので，油中きょう雑物に対するきめ細かな管理が必要である．そのほかに，騒音が大きいということ，特に，油圧ポンプや油圧制御弁から発生する騒音が大きいということは，新

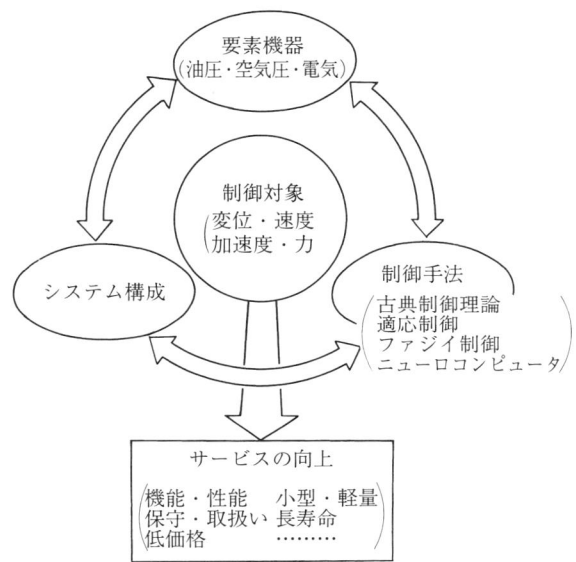

図1.2 油圧機器・システムの要素技術と課題

分野で採用する場合の欠点となる可能性も含んでいる．これらの課題に対処するための研究開発もなされており，1.3.4項で述べる．

　一般の駆動システムあるいは制御システムは，負荷としての対象物をその目的に適合するように動作させることが必要であり，図1.2に示すようにユーザーへのサービス向上，すなわち機能・性能の向上，小型・軽量化・保守性・取扱いやすさの向上，長寿命化・低価格化などを目的とする技術開発が行なわれている．具体的には，従来からある要素機器の改良，新しい要素機器の開発，新しい制御手法の開発，システム構成の開発・改良などを挙げることができる．油圧機器・システムにおいてもユーザーへのサービスの向上を目指して同様の技術開発が進められている．

　本章では，数多くの油圧機器の中から広義の意味でメカトロニクス化に関係のある油圧ポンプと油圧制御弁を取り上げて概説する．

1.2 油圧制御システムの構成

油圧機器の説明に先がけて，本節では油圧制御システムの構成を概観する．

油圧制御システムに要求される機能や性能によって，その目的に適合する油圧機器が採用される．変位・速度・加速度などの制御量，制御精度，速応性(応答性)などが油圧制御システムを構築する上での要点になる．それによって採用する油圧アクチュエータや油圧制御弁はもちろんのこと，制御装置も変わる．通常は，市販されている一般の油圧機器を組み合わせて油圧システムを構成するが，必要に応じて特殊な油圧機器を開発して使用する場合も少なくない．また，不燃性あるいは特殊な難燃性作動流体を用いる場合もあるが，一般の鉱油系作動油を用いる油圧システムに準じて構成し，作動流体に適合して仕様変更すればよいので，ここでは一般の鉱油系作動を用いる油圧システムを対象にする．

油圧制御システムの構成例として，油圧加振機システムを取り上げる．

図 1.3 に，油圧を応用した三次元 6 自由度振動台(油圧加振機)の構造を示した[2]．振動台の上には耐震研究用の機械構造物が搭載され，地震に耐えるか否かなどの実証試験が行なわれる．合計 8 本の油圧シリンダで振動台を自在に作動させ，地震による振動を再現する．

図 1.4 は，油圧加振機の構成を示したブロック線図である[3]．指令発生装置は，電気的な正弦波信号や地震波信号を発生する．この信号をサーボアンプで増幅し，サーボ弁に印加する．サーボ弁では電油変換が行なわれ，油圧アクチュエータに作動油を供給する．こ

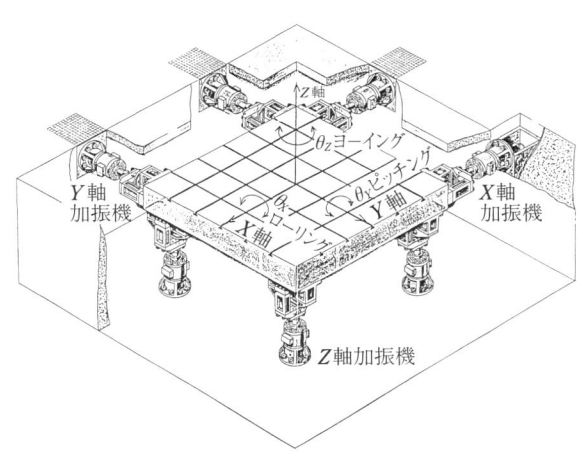

図 1.3　三次元 6 自由度振動台[2]

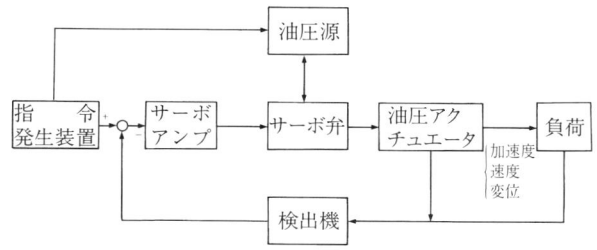

図 1.4　油圧加振機の構成[3]

の場合の油圧アクチュエータは油圧シリンダである．油圧アクチュエータでは，流体エネルギーから機械エネルギーへの変換が行なわれ，負荷としての振動台と被試験体を駆動する．油圧アクチュエータあるいは負荷の運動は検出器によって検出され，指令発生装置にフィードバックされる．油圧システムの構成は多種類があるが，この構成は油圧システムの典型的な構成の一つであるとみなすことができる．一般に全体のシステムが大規模になると，図1.4のようなシステムをサブシステムとし，複数のサブシステムを組み合わせて協調動作をさせる構成がとられる．本例では，システムの全体は複数のサブシステムからなり，それらをコンピュータで統括制御している．

図 1.5 は，油圧加振機の油圧回路である[3]．この油圧回路は，他の油圧制御システムにも共通点が多い基本的な回路である．油圧ポンプが吐出する作動油は，サーボ弁を介して油圧シリンダに供給され，油圧シリンダを左右に動かす．これによって，振動台ならびに被試験体に振動が与えられる．図中の切換え弁は，油圧ポンプに対するローディングとアンローディングの切換えの役割を持っている．油圧加振機は，地震波のように加速度を高精度で制御する必要があり，油圧アク

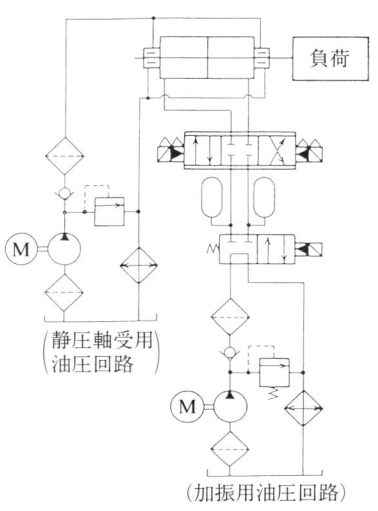

図 1.5　油圧加振機の油圧回路[3]

チュエータは摩擦の小さい静圧軸受が採用されている．したがって，油圧回路は油圧アクチュエータを駆動用（高圧）と油圧アクチュエータの静圧軸受用（低圧）の2種類の油圧源が用いられている．

上述したことからわかるように，油圧制御システムを支える技術は，油圧機器・システムに関する技術，制御機器・装置および制御方法に関する技術である．これらの技術の向上・開発により油圧制御システムの機能，性能，信頼性が向上する．

1.3 油圧ポンプの制御

油圧源としての油圧ポンプには，効率の向上，性能・機能の向上，圧力脈動・騒音の低減などの技術課題がある．油圧アクチュエータとしての油圧モータにとっても技術課題はほぼ同様である．油圧ポンプの細部に着目すると，摺動部の摩擦損失やすき間からの漏洩損失は材料や精密加工技術の進歩によって低減し，効率はピストンポンプで97％以上，歯車ポンプで80％以上が得られている．一方において，油圧ポンプが駆動されることによって発生する油の閉込みや要素結合部分のガタにより，騒音が大きいという欠点がある[4]．一時期，油圧ポンプの低音化の研究が盛んに行なわれたが，現状ではまだ満足できるレベルに到達していないようである．本節では，主に油圧ポンプの性能・機能の向上に関する研究開発の状況を述べる．

1.3.1 油圧ポンプの流量制御方式

油圧ポンプの吐出流量は，アクチュエータの速度や出力に応じて変える必要がある．油圧ポンプの押しのけ容積 $V(\mathrm{cm}^3/\mathrm{rev})$ は一定，可変の2種類がある．また，油圧ポンプの回転速度 $N(\mathrm{rpm})$ にも定速と可変速の2通りがあり，これらを組み合わせると，図1.6(a)〜(d)に示す4通りの油圧源を形成できる．

（a）定容量型油圧ポンプを定速の電動機Mで駆動し，一定流量を得る方式〔図1.6(a)〕

この方式では，アクチュエータへの供給流量は，ポンプ吐出管路中に設けた流量制御弁で制御されるのが通例である．

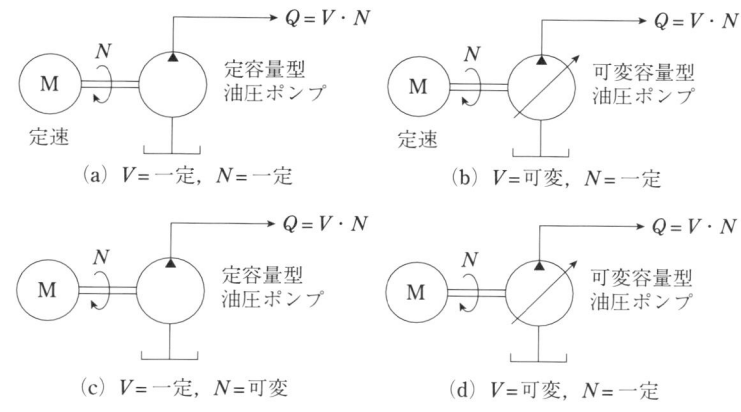

図 1.6 油圧ポンプの流量制御方式〔V：油圧ポンプの押しのけ容積 (cm^3/rev), N：油圧ポンプの回転速度 (rpm)〕

（b）定速の電動機 M で可変容量型油圧ポンプを駆動し，連続的に吐出流量を制御する方式〔図 1.6(b)〕

ポンプ吐出流量を連続的に制御しなければならない場合に最も一般的に採用される方式である．

（c）定容量型油圧ポンプの回転速度を変えて，吐出流量を制御する方式〔図 1.6(c)〕

今日では，ポンプ駆動用の交流電動機 M をサイリスタ制御またはインバータ制御することによって連続的に回転速度を変えることができる．

（d）可変容量型油圧ポンプをエンジンのような変速駆動源 M で駆動する方式〔図 1.6(d)〕

パワーショベルのような建設機械の場合には，油圧ポンプを駆動するエンジンの速度が幅広く変化する．エンジンの速度が変化しても，油圧ポンプは油圧システムにとって必要とされる流量を吐出しなければならない場合に用いられる．

流量制御方式(d)に関する研究例を図 1.7 に示した[5,6]．斜板式プランジャポンプの斜板傾斜角をサーボモータ CM で制御することによって流量制御し，上下運動をする油圧シリンダの速度を制御する．下降運動の場合は，油圧ポンプは油圧モータとして作動し，ポンプ駆動用電動機は発電機となり，

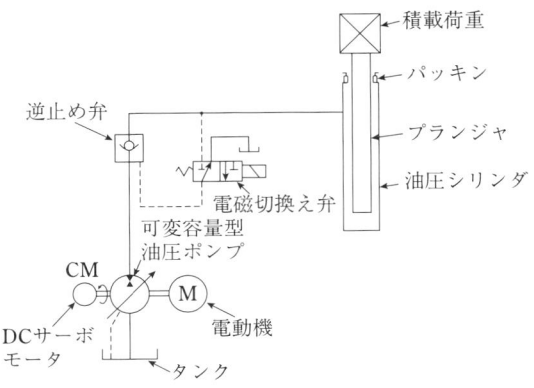

図1.7 ポンプ制御式駆動システムの油圧回路[5,6]

いわゆる動力回生制動が行なわれる．

流動制御方式（c）の例としては，図1.8の油圧エレベーターを挙げることができる[7]．定容量型油圧ポンプを駆動する電動機の速度をインバータで制御し，油圧シリンダの速度を制御する方式が実用化されている．従来の油圧エレベーターは方式（a）を用い，流量制御で油圧シリンダの速度を制御する方式（弁制御方式）が用いられてきたが，余剰流量をブリードオフするために効率が低かった．この弁制御方式の欠点を除去し，エネルギー効率を向上させることが本油圧エレベーターの目的となっている．

1.3.2 油圧ポンプのメカトロニクス化

油圧制御システムの省エネルギー化の要求に対して，可変容量型油圧ポン

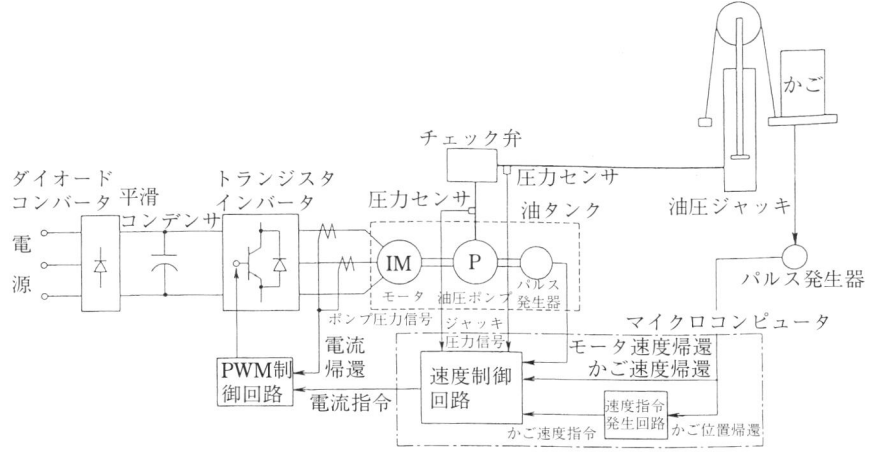

図1.8 油圧エレベータの加速制御方式（インバータ制御電動機の応用例）[7]

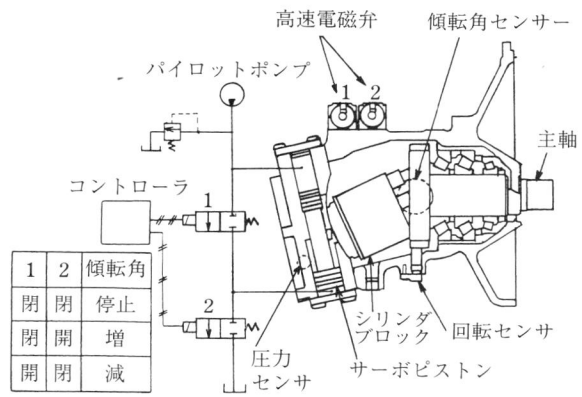

図1.9 油圧ショベル用電子制御油圧ポンプの構造[8]

プのメカトロニクス化(電子制御化)が展開されている．すなわち，油圧制御システムに要求される流量や圧力に応じて油圧ポンプの吐出流量を制御し，供給動力を最小にして省エネルギー化を図るようになった．

その例として，自動車や建設機械のようにエンジン回転速度が変化しても必要とされる流量を確保するような制御に採用されている．さらには，流量制御精度の向上を図り，HST(Hydro-Static Transmission)による円滑な変速手段としても使われている．しかし，油圧制御弁による制御に比較して，制御精度および応答性は低いようである．

電子制御油圧ポンプの構造を図1.9に示す[8]．図1.9の油圧ポンプはレギュレータが電子制御される斜軸型のアキシャルピストンポンプであり，ICCポンプ(Intelligent Computer Control Pump)と称している．サーボピストンで押しのけ容量を決定する傾転角を調整し，油圧ポンプの吐出流量を制御する．サーボピストンの一方に常時高圧油圧を作用させておき，他方に高速電磁弁1(供給)，2(排出)で制御した油圧を作用させて，サーボピストンの位置制御を行なう．主軸に対するシリンダブロックの傾転角は傾転角センサで検出され，目標の傾転角になるように高速電磁弁でサーボピストンを駆動制御する．目標の傾転角は，圧力センサ，回転センサ，差圧センサ，操作パターン信号などからコントローラの制御用ソフトウェアで計算される．すな

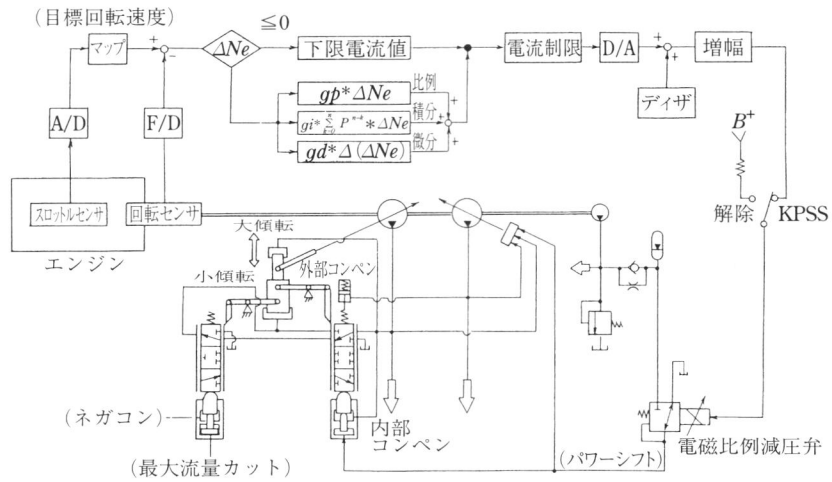

図 1.10 エンジンスピードセンシングの回路 (油圧ショベルへの適用例)[9]

わち,コントローラで傾転角の操作パターン信号と,傾転角センサ,圧力センサ,回転センサからの信号によって制御すべき傾転角信号を作成し,これに基づいて高速電磁弁を作動させる.これによって,ポンプ動力を最適値とする制御が実現される.

電子制御ポンプを用いてエネルギー節約システムを構成したエンジンスピードセンシング制御の例を図 1.10 に示す[9].作業条件によって負荷が変動すると,エンジンの出力と圧力流量で決まる油圧ポンプの吸収動力とが不平衡となり,燃費が低下したりエンストを生じたりする.そこで,そのような場合でも吸収動力を一定に制御してエンストを防止し,あわせてエンジン出力の限界で作業を行なうようにして燃費を向上させる.スロットル位置をエンジン回転速度に対応して設定しておき,エンジンに負荷が作用して回転速度が低下すると,燃料噴射量を増大させてトルクを上昇させる.それと同時にエンジン回転速度を検出し,目標回転速度との差に応じて油圧ポンプの吸収動力を低減する量を演算し,電磁比例減圧弁へ供給する.電磁比例減圧弁は,この指令に比例した二次油圧を油圧ポンプに対して出力し,傾転角を下げて吸収トルクを小さくさせる.これによって,エンジン出力とポンプの吸

収動力とが平衡した点で整定し，効率の高いエンジンの運転とエンスト防止を実現している．

1.3.3 油圧ポンプの脈圧低減法[10]

　油圧源として用いられているピストンポンプは大きな流量変動を発生し，これが脈動の原因となり，管路内に伝播して振動騒音を引き起こす．従来は，パッシブ減衰器としてのアキュムレータを用いて脈圧の除去が試みられているが，構造的にアキュムレータの固有振動数を高めることには限界があり，低周波数の脈動しか吸収できない．そこで，油圧ポンプの1kHz程度の高周波流量脈動をアクティブに低減させることを目的とし，圧電素子(PZT)の高応答性，高剛性を利用して高周波のパルス状流量を吐出管路内に発生するアクティブアキュムレータの試作研究がなされている．

　アクティブ制振の原理は，高周波駆動可能なピストンを主要部とする脈動流量源を油圧ポンプの吐出部に設け，油圧ポンプによって発生する脈動流量を打ち消すようにピストンの運動を制御することである．これによって管路に供給される流量の脈動を抑制し，その結果として管路内の脈圧を抑えて，流体伝播音および管路自体の振動を制御する考え方である．

　上記の考え方に基づいて試作されたアクティブアキュムレータの構造を図1.11に示す[10]．アクチュエータとして用いる積層型圧電素子(PZT)は，ピ

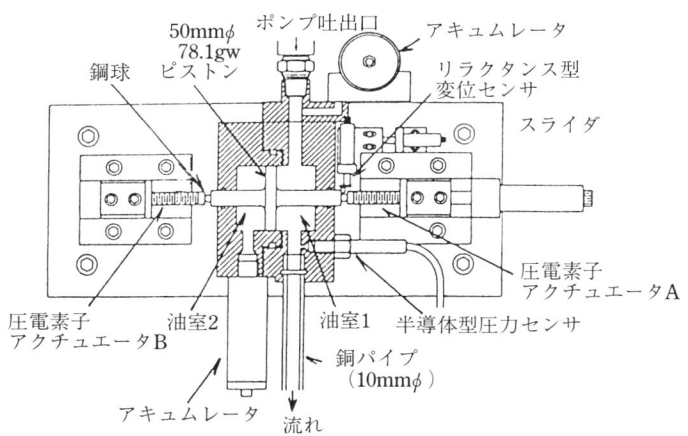

図1.11　アクティブアキュムレータの構成[10]

ストンの左右に2個の圧電素子A,Bを直列に配置し，互いに逆相の電圧を印加することによってピストンがプッシュプル方式で駆動される．このピストンの働きにより，基本的に1kHz程度のパルス状の流量脈動を低減できることが確かめられている．

1.3.4 油圧ポンプの騒音低減法

油圧ポンプの騒音は，労働環境や生活環境を損ねないようにするために低減することが必要である．特に，メカトロニクス化(電子制御化)のメリットによって油圧の応用面を拡大するためには，騒音の大きいことはあい路になる．油圧ポンプの騒音低減策としては，閉込み減少を緩和したり，あるいは油圧ポンプのカバーとして遮音板や吸音材を用いる方法がとられてきた．図1.12は，油圧ポンプと電動機の結合系をタンク上部から懸吊して油浸状態とし，タンク壁を遮音板とした例である[11]．欧米の油圧エレベータのパワーユニットには，この構成がよく用いられている．

図1.13は，ピストンポンプのシリンダブロックに設けるシリンダの配列を従来の等ピッチから不等ピッチとして，

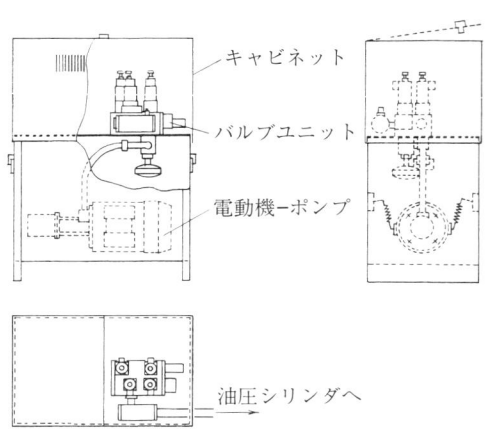

図1.12 油浸型パワーユニット[11]

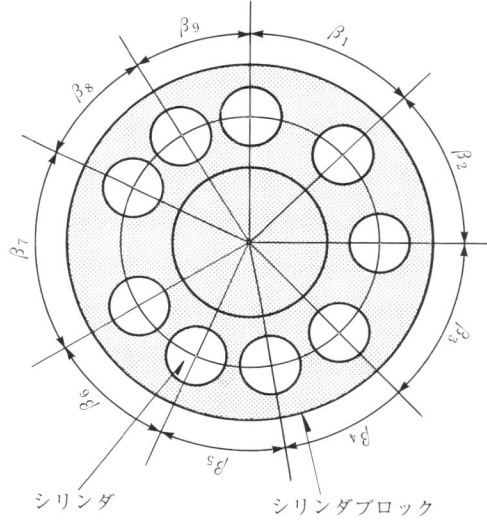

図1.13 シリンダを不等ピッチ配列したシリンダブロック[12]

特定周波数の音が大きくなるのを回避する方策である[12].羽根車の羽根のピッチを不等化することにより,騒音をホワイトノイズ化し,耳ざわりな騒音を小さくする研究が過去になされている[13]が,原理的にはこの考え方と同様である.

1.3.5 油圧ポンプ駆動用電動機

油圧パワーユニットの中で,電動機は油圧ポンプに比較して形状が著しく大きく,重量も大である.その理由は,油圧ポンプに比べて電動機のエネルギー密度が低いことによる.この課題に関して,油圧ポンプ駆動用電動機のエネルギー密度を高める研究が行なわれている.

一般の誘導電動機は空冷であるが,図1.14に示すように油冷にすると冷却効果が向上するために,同一サイズの電動機でも大電流を流せるようになり,ひいてはパワーアップすることができる[14].

空冷の場合の巻線の温度上昇は,図1.15中の△印のように高いが,油冷にすると電気的入力P_iを大きくしても,10℃程度の温度上昇にとどめることが可能である.このことは電動機のパワーアップが可能であることを示し,あるいは電動機を小型になし得ることを意味している.

1.3.6 小型高速ポンプ

図1.16および図1.17は,電動モータ,油圧ポンプ,リザーバ,油圧アクチュエータなどをコンパクトに集積したアクチュエータパッケージ IAP (Integrated Actuator Package) である[15].電動モータで可変容量型のサーボポンプを駆動し,サーボポンプの吐出油で油圧アクチュエータを動かす.サーボポンプの吐出量は,油圧サーボ弁による流量制御によって行なわれる.電動モータとサーボポンプは高速であるため,油圧パワーユ

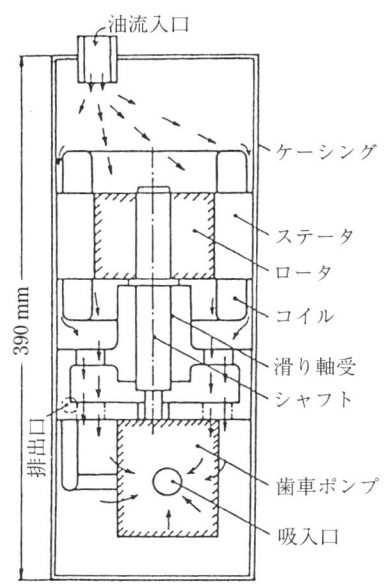

図1.14 ポンプ駆動用電動機の油冷却方式[14]

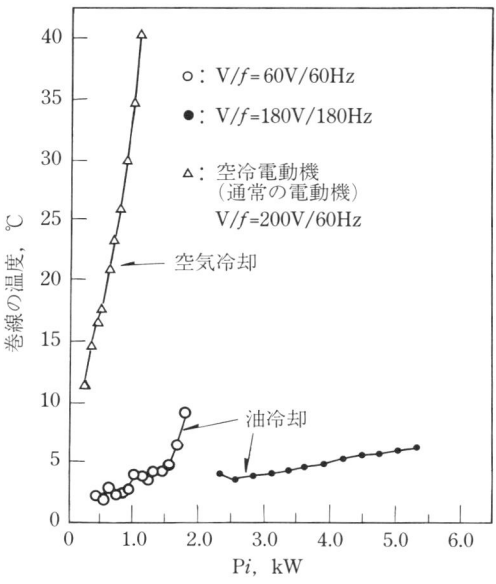

図1.15 電動機の温度上昇[14]

ニット部は小型・軽量になし得ている.

複数のアクチュエータを駆動する場合に，油圧源を一つとするワンポンプマルチアクチュエータの考え方があるが，このIAPのようにワンポンプワンアクチュエータの構成にすれば，油圧源を含めての分散配列が可能となり，大規模系における全機能の同時喪失を防ぐことができる．IAPの用途は航空機用であるが，将来的には地上用の装置にも適用される可能性をもっている．

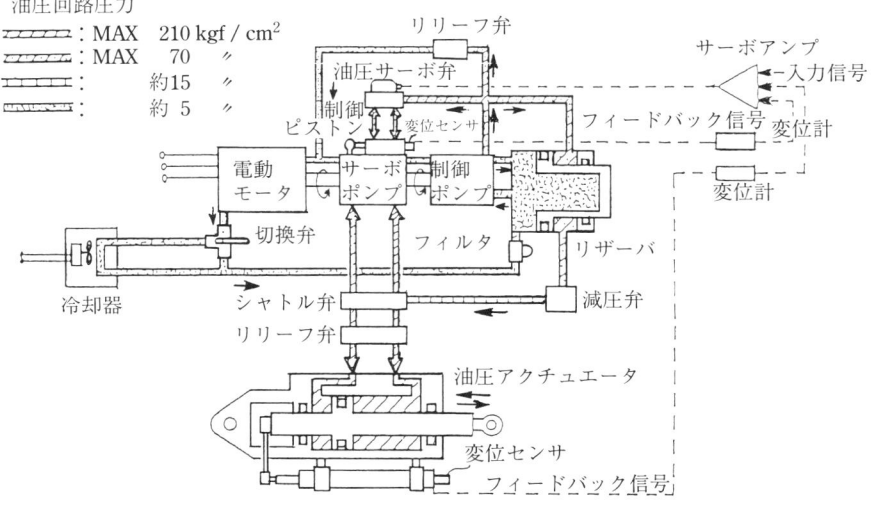

図1.16 IAPの内部構成[15]

1.4 油圧制御弁

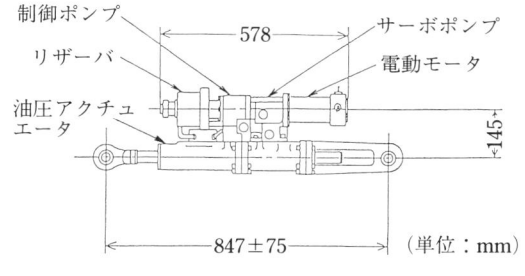

図 1.17　IAP の外部構成 [15]

油圧系の流量あるいはその運動を制御する場合，そのほとんどは油圧制御弁で制御され，油圧制御弁が油圧制御システムの心臓部といっても過言ではない．油圧制御弁は油圧システムに要求される制御精度および応答性に応じて，サーボ弁，比例電磁弁あるいは切換え弁が使い分けられる．

　油圧システムが幅広い分野で使われるようになり，ユーザーへのサービスの向上，すなわち機能・性能の向上，小型・軽量化，保守などの取扱いやすさの向上，長寿命化，低価格化などが求められる．これに対し，従来からある要素機器の改良，新しい要素機器の開発，システム構成の改良などが行なわれている．

　油圧制御システムの機能・性能を向上させたいという要求に対して，従来ハード面で要素機器の機能・性能を向上させて対応してきた．しかし，エレクトロニクスの発展に伴い，電子機器の性能や信頼性が向上し安価に入手できるようになったこともあって，要素機器の組合せ方や制御法などのソフト面で上述の要求に対応しようとする傾向にある．これに伴い油圧機器のメカトロニクス化が進むとともに，それに対応した機器の開発が行なわれている．

　油圧制御弁は多方面で使われており，それぞれについて特有の機能・性能をもたせた油圧制御弁が開発されている．本節では，メカトロニクス化に適した油圧制御弁またはメカトロニクス化を指向している油圧制御弁について述べる．

1.4.1　サーボ弁

　位置や力を高精度にあるいは高応答に制御することを要求される場合には，油圧制御弁としてサーボ弁が用いられる．サーボ弁の性能は制御流量(容量)，周波数応答および使用圧力で表示されるが，現在実用に供されているサーボ弁では，制御流量としては数 l/min から 1 000 l/min 以上まで，周波数応答

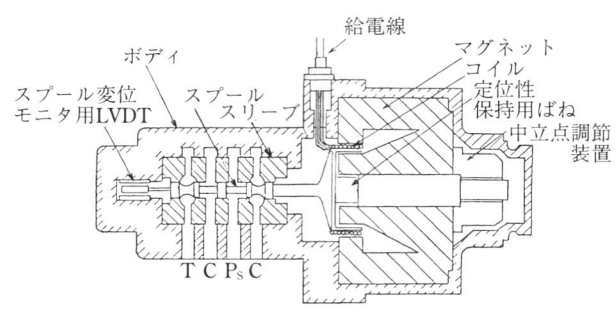

図 1.18 直動型サーボ弁の構造（フォースモータバルブ）

としては数 10〜数 100 Hz までの範囲であり，使用圧力も 20 MPa 以上になる．サーボ弁は，その構造によってノズルフラッパ型，ジェットパイプ型，および直動型に分類される．ノズルフラッパ型やジェットパイプ型は古くから使われており，駆動電流が小さい，小型・軽量であるなどの特徴がある．反面，電気‐油圧変換部に小さなノズルを使用しているので，油中きょう雑物による目詰まり故障や，フラッパの摩耗による特性変化を生じやすい．

そこで，それを防止するために綿密な作動油管理が必要である．作動油管理を容易にするために，耐油中きょう雑物特性を向上し，さらに高応答化を図るために開発された直動型サーボ弁の実用化は比較的新しい．直動型サーボ弁（フォースモータバルブ）は，図 1.18 に示すようにムービングコイルで直接スプールを駆動するもので，スプールの中立点保持用ばねにゴムを用い，適切な減衰を与えてサーボの安定性を確保している．他のサーボ弁に比べて駆動電流は大きくなるが，油中きょう雑物による目詰まりなどがないので，信頼性が高く，かつ高応答を実現できる．そこで，当初使用環境の厳しい圧延機や高精度制御を要求される振動台に使われ始めた[16]．この直動型サーボ弁の安定確保の手段として，ゴムの構造減衰の代わりにスプールを駆動する際にコイルボビンに生ずる渦電流を利用する構造が提案されている[17]．

直動型サーボ弁に属するが，回転型のサーボ弁（ロータリサーボ弁）が発表されている．このサーボ弁は，図 1.19 に示すようにフラットモータとメータリングオリフィスを持つ円板形弁体とを直結し，弁体の揺動によって流量あるいは圧力を制御するものである[18〜20]．通常の直動型サーボ弁は，他の

1.4 油圧制御弁　17

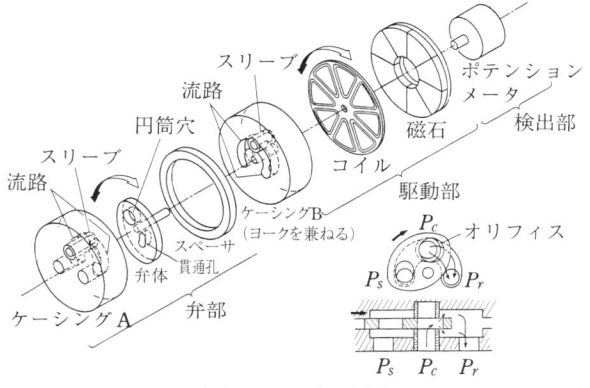

（a）サーボ弁の構成

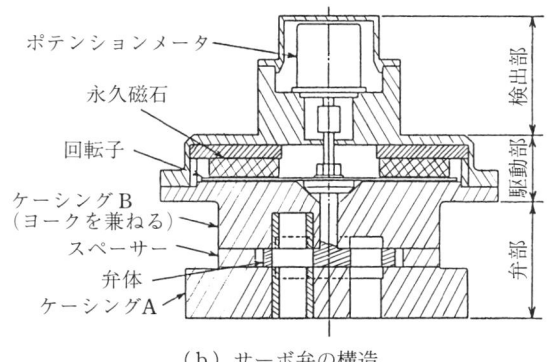

（b）サーボ弁の構造

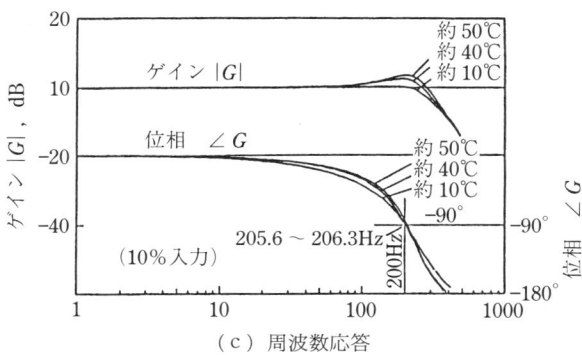

（c）周波数応答

図1.19　ロータリサーボ弁の構造と周波数応答[20]

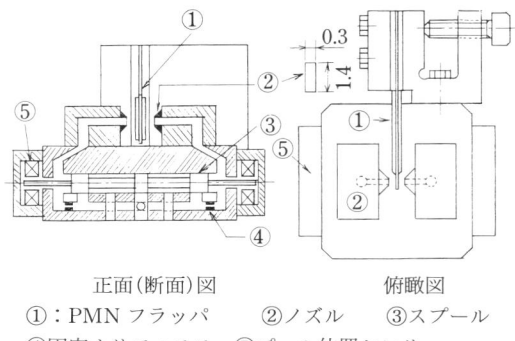

①：PMNフラッパ　②ノズル　③スプール
④固定オリフィス　⑤プール位置センサ
(a) サーボ弁の構造

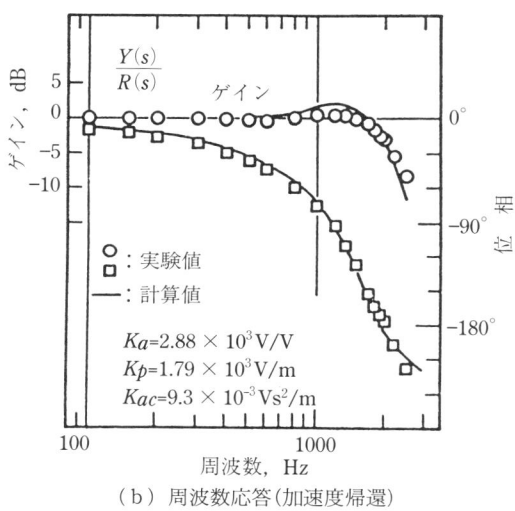

(b) 周波数応答(加速度帰還)

図1.20　電歪素子利用サーボ弁と周波数応答[21]

サーボ弁に比較して駆動電流が大きいという弱点を持っているが，このロータリサーボ弁では，電気的に位置フィードバックを構成して，駆動電流の低減が図られている．

高精度制御にはサーボ弁の高応答化は不可欠である．サーボ弁の高応答化を目的に，図1.20に示すようにヒステリシスの小さい電歪素子PMNを用いたノズルフラッパ型サーボがある[21]．これは，トルクモータでフラッパを駆動する代わりに，弾性板の両面に電歪素子を接着した(バイモルフ構造)フラッパとしてこのフラッパを直接駆動するものである．電歪素子の変形特性は非線形であるが，バイモルフ構造とし，かつプッシュプル駆動することによって電歪素子の非線形性を線形化している．さらに，スプール加速度を帰還してサーボ弁の安定性を確保し，応答周波数1.2kHzを実現している．

積層形のPZTは大出力でかつ高応答であり，これでスプールを直接駆動するサーボ弁の例が報告されている．積層PZTはヒステリシスが大きいという欠点があるが，この欠点を逆ヒステリシスマップを用いてソフト的に解決している[22]．また積層PZTは変位が小さいので，これをパイロット弁に

用いたサーボ弁の試作例が報告されている[23]．

新しいアクチュエータとして，光エネルギーを機械的ひずみに変換するPLZT素子を用いたサーボ弁の研究がなされている[24]．電磁気的ノイズに対して影響を受けないなどの長所を持っているが，現状では，ひずみ量が小さく，応答時間も数10秒以上が必要であり，今後の材料開発が重要である．

1.4.2 比例電磁弁

一般の油圧制御システムでは，制御精度や応答性はサーボ弁を用いたシステムほど高くなくてもよいから，低価格で連続的に流量や圧力を制御したい場合が多い．このような場合に比例電磁弁が用いられる．通常のソレノイドでは，プランジャを吸引する力は駆動電流や空隙に対して非線形である．電気-機械変換に用いる比例ソレノイドはプランジャ端部をテーパ形状にするなどの工夫により，空隙の大きさによらず，電流-出力特性を極力線形化している．

初期の比例電磁弁の特性としては使用圧力は数MPa，周波数応答は10数Hz程度で，ヒステリシスも比較的大きかった．しかし，安価にサーボシステムを構成でき，ON-OFF制御に比較してシステムの性能を飛躍的に向上させ得ることから，比例電磁弁が種々の分野で用いられるようになった．比例電磁弁の用途が拡大するに従って，さらに高性能化・小型化の要求がでてきている．

この要求に対し，周辺技術の進歩もあって，ハードおよびソフトの両面から開発・改良が加えられた．ソレノイドの設計に当たり，磁界解析技術を駆使してプランジャの形状を最適化して，比例ソレノイドの線形性を向上させ，小型化や小電力化などの高性能化が図られている[25]．さらに，スプール弁内の流れを実験的および解析的に解明することにより，スプールに働く流体力を低減して外乱の影響の小さいスプール形状を設計できるようになった．比例ソレノイドの駆動回路もアナログ式からPWM駆動のディジタル式にして，小型化や低価格化が図られている[26]．それに加えて，スプールの変位を帰還して線形性の向上やヒステリシスの低減が図られるようになった[27]．さらに，比例電磁弁の安定性および速応性を向上させる設計パラメータを分散分析により求める設計手法についても報告されている[28]．これらの改善の結

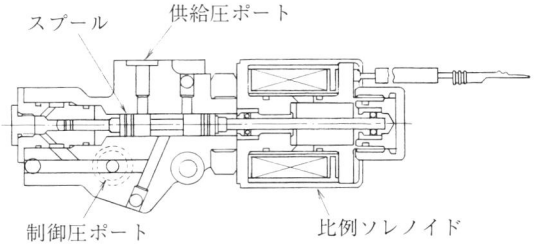

（a）圧力制御弁の構造

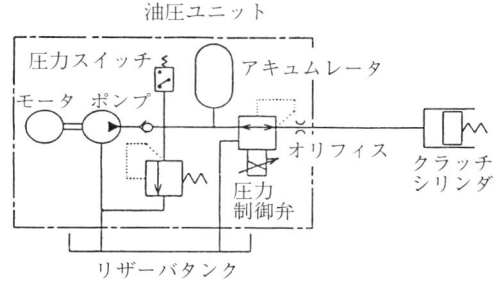

（b）電子制御 4WD 油圧回路

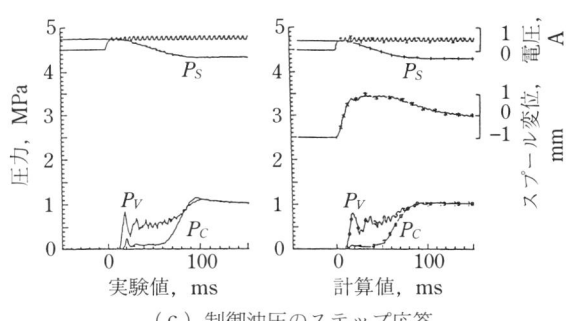

（c）制御油圧のステップ応答

図 1.21　自動車用電子制御 4WD[29]

果，線形性の向上とともに使用圧力 30 MPa 以上，周波数応答 100 Hz にも達するものが実用化され，その性能はサーボ弁に近づいている．

図 1.21 は，比例電磁弁を自動車の四輪駆動システムに適用した例である[29]．指令に比例してトルク配分用クラッチシリンダの圧力を制御する圧力

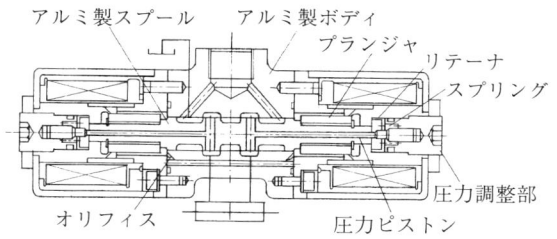

図 1.22 小型差圧制御弁の構造図[31]

制御弁である.圧力が整定するまでの時間も数 10 ms と比較的短時間である.そのほかにも,自動車[30,31],射出成形機[32],建設機械などに広範囲に使用されている.図 1.22 は,自動車用に開発された圧力制御弁の構造を示す[31].

図 1.23 に,差動トランスでスプール変位を検出し,帰還する方式の比例電磁弁の構造,高応答化のための駆動回路,およびその周波数応答を示す[27].

1.4.3 高速電磁弁

ソレノイドは,構造が簡単で信頼性が高く,かつ安価であり,各種切換え弁に広く使われている.このソレノイドの速応性を高め,ON-OFF 切換え弁を高速にデューティ駆動(PWM 駆動)して,疑似的な比例制御を行なうことが試みられ,パイロット弁として主弁制御,ピストンポンプの傾転角制御,自動車の車高制御などに実用化されている.当初は,駆動周波数 10 Hz, 使用圧力数 MPa と低く,制御流量も $0.17\,l/s(10\,l/min)$ 程度であったが,ソレノイドの大出力化と高応答化が図られ,駆動周波数 100 Hz 以上も可能になり,比例電磁弁の領域に近づいている[33~36].しかし,ソレノイドの出力や応答性の制約から,流量は $0.2\,l/s(12\,l/min)$ 程度までの小型のものに限定されている.図 1.24 は,高圧まで使用できる高速電磁弁の例を示す[33].ポペット弁の上流側に絞りを挿入して噴流を形成し,流体力を補償する構造である.これにより,圧力 15 MPa まで安定した流量制御を実現している[33].文献 21)には渦電流まで考慮して磁場解析を行ない,電磁ステンレス鋼(K-M 38)を採用して損失を軽減し,ソレノイドの磁束の立ち上げ・立ち下げを速くするための過励磁回路,消磁回路と組み合わせて,弁の切換え時間

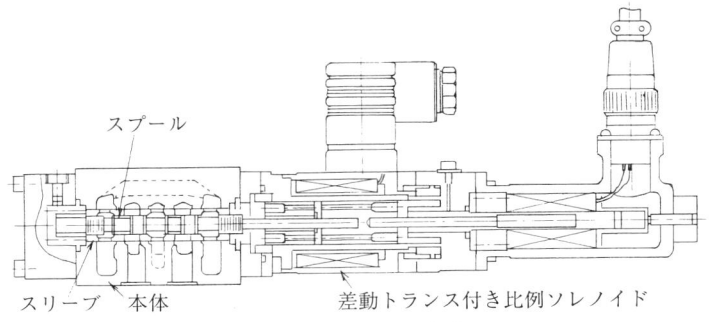

(a) 比例電磁弁の構造

I^*：電流指令電圧　　　AMP：増幅器
V_d：搬送波　　　　　　CMP：コンパレータ
V_a：電流誤差増幅電圧　LPF：ローパスフィルタ
V_e：パルス幅変調波　　I：ソレノイド電流

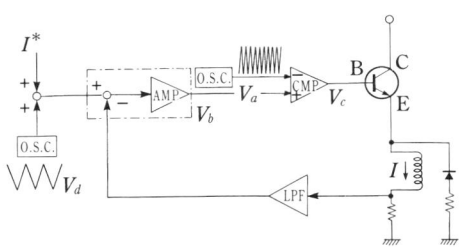

(b) 制御回路

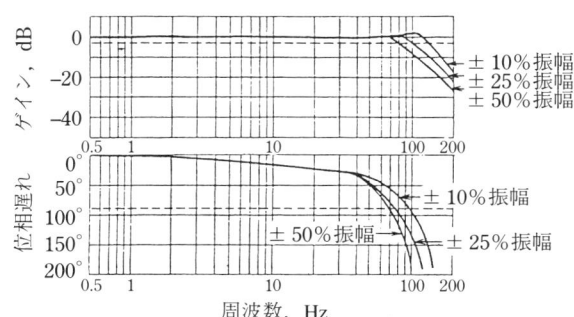

Pポート圧力：$p_p=70\mathrm{kgf/cm^2}$

(c) 周波数応答

図1.23 比例電磁弁と周波数応答[27]

1.4 油圧制御弁　23

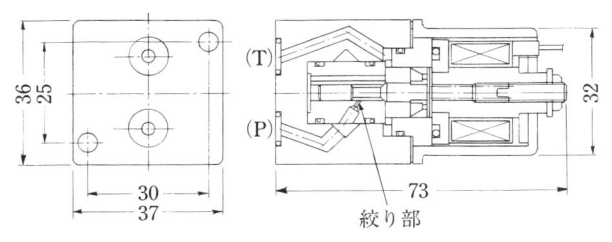

(a) 高速電磁弁の構造

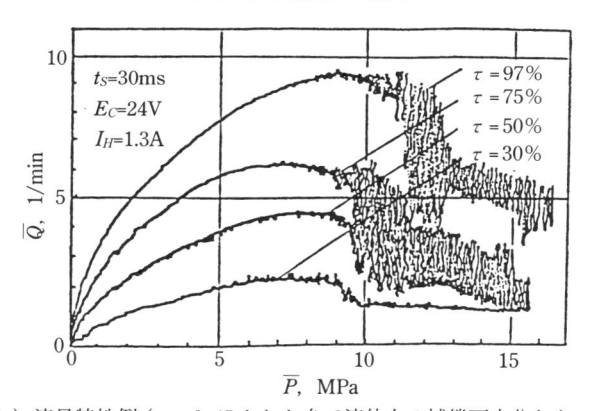

(b) 流量特性例（$\alpha=0.45$ とした弁で流体力の補償不十分なもの）

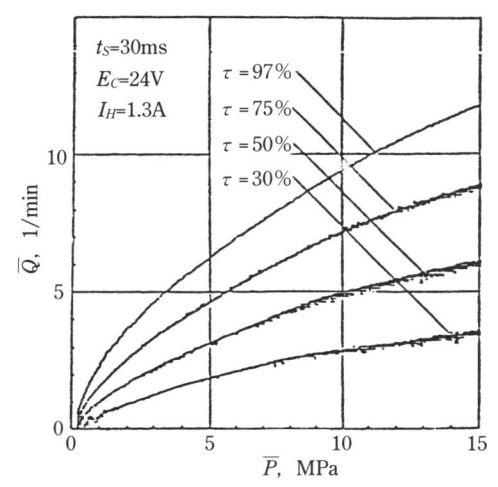

(c) 流量特性例（$\alpha=0.90$ とした弁で流体力を補償したもの）

図 1.24　高速電磁弁の高圧化 [33]

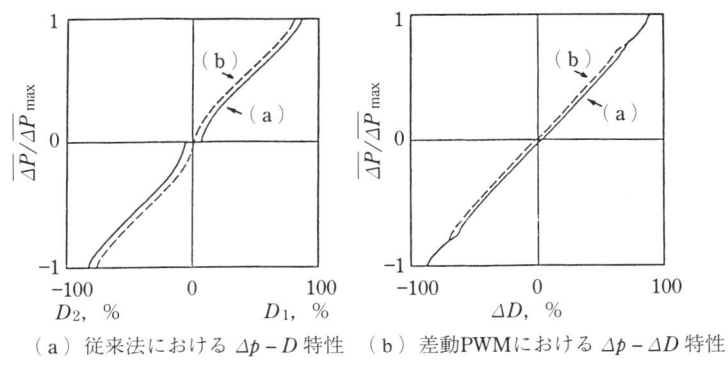

(a) 従来法における $\Delta p - D$ 特性　(b) 差動PWMにおける $\Delta p - \Delta D$ 特性

図1.25　差動PWMによる制御特性の向上[37]

0.8～1.0 ms を実現した例が報告されている.

　PWM制御に当たり，ソレノイドの切換え遅れから流量を制御できない領域がある．これに対して，デューティ差を利用して線形性を向上する差動PWM制御が提案されている[37,38]．図1.25は，通常のPWM制御では非線形性が強いが，差動PWM制御によってこの非線形性が改善され，入出力特性が線形化された例である[37]．

　駆動周波数が高くなるほど線形性が向上し，制御周波数が高くなる．そこで，アクチュエータに積層圧電素子(PZT)を使い直接スプールを駆動する構造の切換え弁とフィードフォワード制御の組合せで駆動周波数2 kHzを実現した例がある．図1.26に，この高速切換え弁の構造とステップ応答を示す[39]．制御なしの場合，PZTのばねとスプールの質量により5 kHzで過渡振動を生ずるが，フィードフォワード制御を行なうことにより過渡振動を除去して安定したステップ応答が得られている[39]．

1.4.4　ポペット弁

　スプール弁は中立点で内部漏れを生ずるが，ポペット弁では確実なシールを期待できる．そこで油圧システムの高圧化に伴い，スプール弁に代わってポペット弁が用いられるようになった．ポペット弁は，スプール弁と異なり本質的に流量や圧力の制御が難しい．そこで，油圧的にポペットの位置を帰還する方式のポペット弁が開発され，建設機械などに使われ始めた．

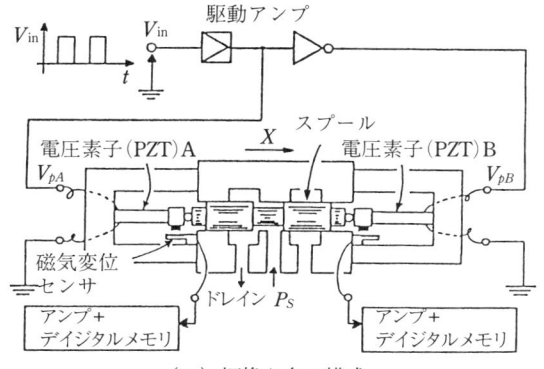

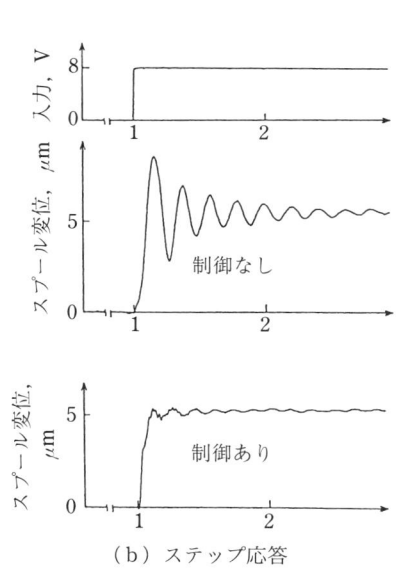

図1.26 PZT駆動高速切換え弁とステップ応答[39]

　この弁はドイツで提案されたものであるが，原理は図1.27に示すように，メイン回路の油圧をポペットに設けた絞り(スリット)を介してパイロット室へ導き，パイロット弁でパイロット圧を制御するものであり，ポペット弁で流量や圧力を巧妙に制御できる[40]．図1.28は，このポペット弁を4個組み合わせて油圧シリンダを制御する例である[41]．しかし，一次圧や二次圧(制

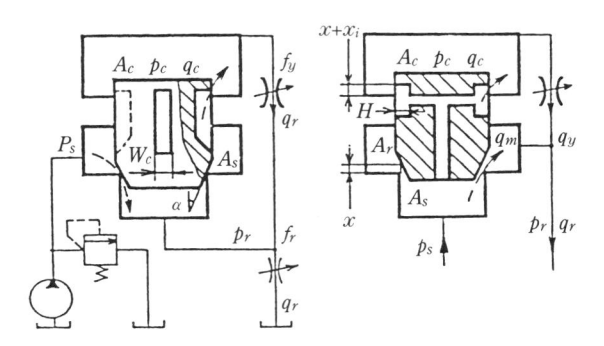

図 1.27　比例ポペット弁の模式図[40]

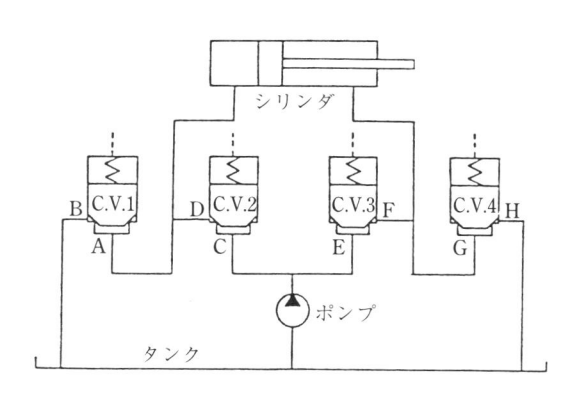

図 1.28　方向制御システム[41]

御圧)がポペットに作用するので，要求される油圧制御特性および安定性を得るために，その設計に当たっては細心の注意が必要であった．

そこで，制御特性について実験的および解析的な検討がなされ，制御特性が明らかになるとともに設計指針が与えられるようになってきている[40~43]．そして，遠隔制御や制御精度の向上を目的に比例電磁弁やPWM駆動高速弁をパイロットにして電気的に制御されるようになっている．

参考文献

1) 高森　年：油圧と空気圧，**23**, 3 (1992) pp. 228-236.
2) (株)日立製作所カタログ：日立高性能地震シミュレータ，MX-238 Q (1992-9)．
3) 日本油空圧学会編：新版油空圧便覧，オーム社 (1989) pp. 389-398.
4) 日本油空圧学会編：新版油空圧便覧，オーム社 (1989) pp. 207-210.
5) 藤本定之・藤澤二三夫・高橋健治：日本機械学会第 69 期全国大会講演会講演論文集，No. 900-59, Vol. D (1990) pp. 344-346.
6) 藤澤二三夫・大沢弘幸・藤本定之：日本機械学会機械力学・計測制御講演論文集，

参考文献

No. 920-55, Vol. A (1992) pp. 33-38.
7) 下秋元雄・山本友一郎・正城孝信・富沢正雄・三宅立郎：三菱電機技報, **64**, 10 (1990).
8) 平田東一：設計の機械化 (1991-4) pp. 40-43.
9) 藤本吉明・林　憲彦・西本利弘：パワーデザイン, **25**, 9 (1987) pp. 26-46.
10) 横田真一・松山久志・山口博嗣：日本油空圧学会平成3年秋季油空圧講演会講演文集 (1191) pp. 133-136.
11) GMV MATINI：CDD. APE 015.
12) 小嶋英一・中瀬常明：油圧と空気圧, **23**, 6 (1992) pp. 688-695.
13) 瀬川頼英・塩幡宏規・藤澤二三夫：日本機械学会論文集(C編), **48**, 431 (1982) pp. 1223-1228.
14) 柳田英記・高橋　実・日比　昭・増田健二：日本機械学会論文集(B編), **57**, 544 (1991) pp. 4153-4157.
15) 山本和男・岩永正男・瀬沼丈夫・浅田幸男：防衛庁技術研究本部技報, 技報-1002 (1987-10) pp. 1-16.
16) 一柳　健：油圧と空気圧, **14**, 3 (1983-5) pp. 169-177.
17) 赤坂吉道・中村一朗・安成晋一・尾原俊次・金子滋次：日本機械学会機械力学・計測制御講演会論文集(B編), 930, 42 (1993-7) pp. 597-601.
18) 野上忠彦・中村一朗・下釜宏徳：日本油空圧学会平成3年春季油空圧講演会論文集 (1991-5) pp. 29-32.
19) 下釜宏徳・野上忠彦・中村一朗・高塚　哲：日本機械学会日立地方後援会論文集 (1991-9) pp. 127-129.
20) 野上忠彦・中村一朗・貞森博之・下釜宏徳・佐藤博之：日本機械学会機械力学・計測制御講演会論文集(B編), 930, 42 (1993-7) pp. 556-559.
21) 大内英俊・中野和夫・内野研二・野村昭一郎・遠藤　弘：油圧と空気圧, **17**, 1 (1986-1) pp. 74-80.
22) 横田眞一・平本健一郎：日本機械学会論文集(B編), **57**, 533 (1991-1) pp. 182-187.
23) 森下昇一郎・大内英俊・長田　佐：日本油空圧学会平成元年秋季油空圧講演会論文集 (1989-11) pp. 93-96.
24) 中田　毅・曹　東輝・謝　啓裕・内山　洋・内山　隆：日本機械学会論文集(C編), **57**, 542 (1991-10) pp. 3228-3233.
25) 日立建機/日立製作所油圧技術グループ：パワーデザイン, **28**, 12 (1990-12) pp. 85-90.
26) 酒井弘正・加藤芳章・住吉始洋：日本油空圧学会平成3年秋季油空圧講演会論文集 (1991-11) pp. 129-132.
27) 増田健二・上林惇浩：油圧と空気圧, **23**, 1 (1992-1) pp. 33-38.
28) 佐々木芳宏・筧　敏雄・高橋義雄：日本機械学会機械力学・計測制御講演会論文集(B編), 930, 42 (1993-7) pp. 566-570.
29) 山口博嗣・井之口岩根・高橋健郎・室田和哉・荻野弘彦：日産技報, 26 (1989-12) pp. 137-144.
30) 杉原正己・古川　保・長谷部高久・後藤武志・武馬脩一：日本油空圧学会平成2年春季油空圧講演会論文集 (1990-5) pp. 41-44.

31) 横田忠治・山室重明・松元晋弥・田中裕久：日本油空圧学会平成4年春季油空圧講演会論文集 (1992-5) pp. 17-20.
32) 植野哲夫：油圧と空気圧，**23**, 1 (1992-1) pp. 78-86.
33) 田中裕久：日本機械学会論文集(C編)，**50**, 457 (1984-9) pp. 1594-1601.
34) 田中裕久：油圧と空気圧，**16**, 1 (1985-1) pp. 3-11.
35) 川崎忠幸：油圧と空気圧，**16**, 1 (1985-1) pp. 12-16.
36) 佐藤恭一・佐藤正次郎・田中裕久：日本機械学会，機械力学・計測制御講演会論文集(B編)，930, 42 (1993-7) pp. 560-565.
37) 末松良一・山田宏尚・武藤高義：日本機械学会論文集(C編)，**55**, 516 (1989-8) pp. 2053-2061.
38) 末松良一・山田宏尚・塚本哲也・武藤高義：日本機械学会論文集(C編)，**57**, 537 (1991-5) pp. 1596-1603.
39) 横田眞一・平本健一郎・上西雅彰：油圧と空気圧，**20**, 7 (1989-11) pp. 604-601.
40) 呉　平東・北川　能：日本機械学会論文集(B編)，**53**, 490 (1987-6) pp. 1750-1755.
41) 伊藤和巳・池尾　茂・高橋浩爾・三浦隆二・神田国夫：油圧と空気圧，**21**, 3 (1990-5) pp. 303-309.
42) 呉　平東・北川　能・竹中俊夫：日本機械学会論文集(B編)，**53**, 493 (1987-9) pp. 2824-2828.
43) 池尾　茂・伊藤和巳・高橋浩爾・三浦隆二・神田国夫：油圧と空気圧，**21**, 3 (1990-5) pp. 296-302.

第2章 油圧システムの適応制御

2.1 適応制御とは

　油圧駆動システム，その中でも特に重要な役割を担う電気・油圧サーボシステムは，その応答性・制御性の良さ，質量当たりの出力が大きい，動力の伝達が容易などの長所を持つことから，広い分野で利用されている．一方，その短所は，作動油に起因するところが多く，油漏れ，作動油温の変化が制御特性に大きく影響を与えてしまう．従来，このような電気・油圧サーボシステムに定位性・即応性のほかに過激な運動を抑えたソフトな特性を持たせるため，変位フィードバックに加えて速度フィードバックや加速度フィードバックを行なっている．

　このような状態フィードバック，または極配置，モデルマッチングなどの様々な制御手法は，1950年代に生まれた現代制御理論の発展の結果として生まれたものである．制御対象(以後，プラントと呼ぶ)の伝達関数が既知であり，そして，その伝達関数が完全可制御であれば，フィードバックゲインを調整することによって，制御系の極を任意に配置することができる．したがって，これらの制御手法は，制御系に希望する設計仕様を与える上での極めて強力な設計手法であるといえる．さらに，プラントの伝達関数が既知の場合には，Exact Model Matching (EMMと略記)という手法を用いると，プラントの出力を任意に与えられた規範モデルの出力と常に一致させることができる．EMMでは，コントローラとプラントで構成される閉ループ系の伝達関数が規範モデルの伝達関数と一致するように制御が行なわれる．

　ところが，実際にはプラントの線形数学モデルの正確なパラメータを理論的に決定することは困難であり，またそのパラメータは環境の変化，例えば負荷質量の大きさや作動油の温度の影響を受けて変動するため，いつも安定した応答を得ることは困難である．このような場合，プラントのパラメータの変動に応じて，系の可調整パラメータ，あるいは入力が調整され，その時々にプラントが持つ伝達関数に適合したコントローラが自動的に選定され

ることが望まれる．これを自動的に行なう制御系を適応制御系と呼ぶ．

2.2 適応制御理論の基礎[1〜3]

適応制御の代表的な方式としては，モデル規範型適応制御(MRAC)とセルフチューニングレギュレータ(STR)の二つがある．STRは，従来の制御系の設計方法をオンライン化したようなもので，その原理を図2.1に示す．この方式では，はじめにプラントの特性は既知であるとして，適当な制御方策のもとにコントローラの構造が決定される．実際の制御に当たっては，プラントのパラメータが未知であるので，適当な同定方法を用いてパラメータを逐次推定し，この推定された値を真の値とみなしてコントローラのパラメータが決定・調整される．

一方，MRACでは，特性が未知であるプラント，あるいは操作中に様々な特性を示すプラントを制御するに当たって，まず制御系として望ましい特性(速応性・安定性など)を規範モデルの形で表現し，この規範モデルの出力とプラントの出力とが一致するようにコントローラ内に設けられた可変パラメータが調整される．すなわち，プラントと制御装置(コントローラ)を一体とした制御系全体の特性が，規範モデルと呼ばれる理想モデルの特性に一致するようにコントローラを適応的に構成しようとするものである．その原理を図2.2に示す．MRACSは規範モデル，適応的パラメータ調整機構，コントローラから構成されている．適応的パラメータ調整機構は，プラントの動特性を評価し，そしてプラントの動特性が未知であったり，変化しても，

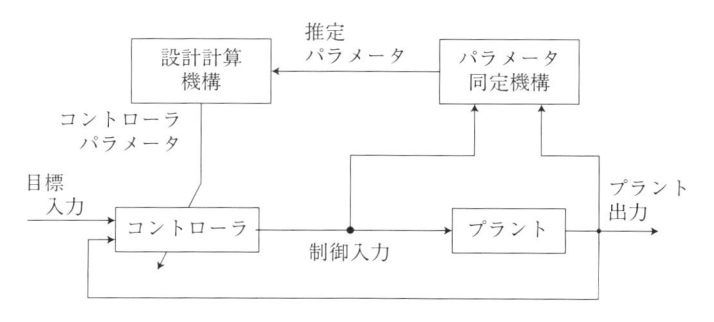

図2.1 セルフチューニングレギュレータ

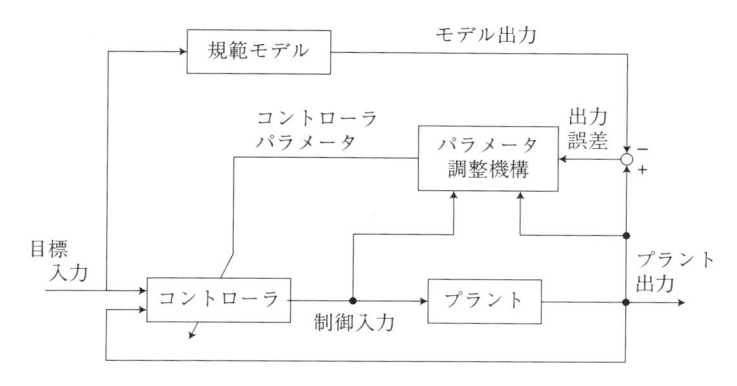

図2.2 モデル規範適応制御

プラントの出力が規範モデルの出力に自動的に一致するようにコントローラのパラメータを調整するためのものである.

MRACS には直接法と間接法の2種類の方法がある.前者はコントローラのパラメータを直接推定することによって制御する方法であり,後者は,まずプラントのパラメータを推定し,その推定値を用いてコントローラを構成する方法である.

以上のように,適応制御コントローラの設計には種々の方法があるが,ここでは多項式代数による周波数領域における直接法 MRAC の設計方法について述べる[4].

2.2.1 極配置

極配置とは,プラントとコントローラを合わせた系の伝達関数の極を任意の位置に配置すること,すなわちプラント+コントローラの伝達関数の分母多項式を希望の多項式と一致させることである.そのために,図2.3のようなブロック線図を考える.

ここで,プラントの伝達関数 $t(s)$ を次に示す多項式の商で表わす.

$$t(s) = \frac{g\,r(s)}{p(s)} \quad (2.1)$$

ここで,$r(s)$:m 次安定

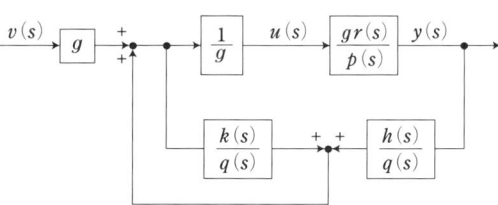

図2.3 極配置

モニック多項式，$p(s)$：n 次モニック多項式 ($n>m$) である．

また，$q(s)$ を $(n-1)$ 次任意安定モニック多項式とする．このとき，$v(s)$ から $y(s)$ までの伝達関数は，

$$\frac{y(s)}{v(s)} = \frac{g\,r(s)\,q(s)}{\{p(s)\,q(s) - k(s)\,p(s) - h(s)\,r(s)\}} \tag{2.2}$$

となる．今，希望する分母多項式を $p_d(s)$：n 次モニック安定多項式とし，式(2.2)をながめてみると，

$$p(s)\,q(s) - k(s)\,p(s) - h(s)\,r(s) = p_d(s)\,q(s) \tag{2.3}$$

が成立すれば，$y(s)/v(s) = g\,r(s)/p_d(s)$ となり，目的が達成される．式(2.3)を満足する $k(s), h(s)$ が存在することは，Diophantine の定理を用いて示すことができる．すなわち，式(2.3)を変形すると

$$k(s)\,p(s) + h(s)\,r(s) = q(s)\{p(s) - p_d(s)\} \tag{2.4}$$

となるが，これは脚注の Diophantine の定理を満足しているので，$h(s)$, $k(s)$ は一意に決定でき，極配置は解決される．

【脚注】 Diophantine の定理

$p(s)$：n 次モニック多項式(既約)，$r(s)$：m 次モニック多項式(既約)，$\psi(s)$：$(2n-2)$ 次多項式であり，かつ $n>m$ という条件のもとで，Diophantine の方程式

$$k(s)\,p(s) - h(s)\,r(s) = \phi(s)$$

を満足する $(n-2)$ 次以下の多項式 $k(s)$ と $(n-1)$ 次以下の多項式 $h(s)$ が一意に決定できる．

2.2.2 Exact Model Matching (EMM)

極配置で極を任意配置することはできたが，分子多項式を操作することはできなかった．そこで，分子多項式，分母多項式両方を，すなわちプラント＋コントローラの伝達関数を希望する伝達関数に一致させる．これが，Exact Model Matching である．話の進め方は先程の極配置と同様で，図2.4 のブロック線図を考える．

図2.3 と図2.4 を見比べると，極配置のブロック線図に前置補償器 (precompensator) が付いているだけである．プラントの伝達関数 $t(s)$ を式

2.2 適応制御理論の基礎

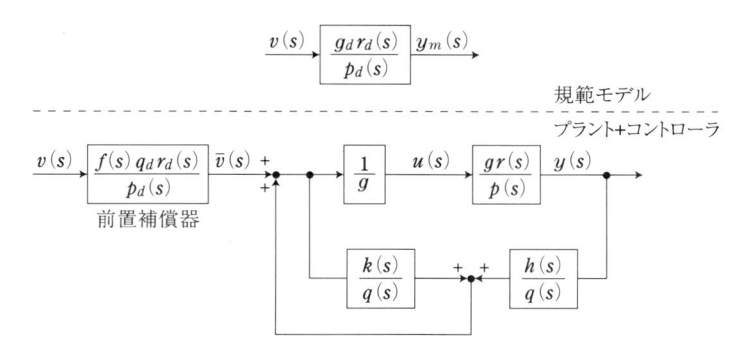

図2.4 Exact Model Matching

(2.1)で，希望伝達関数(規範モデルの伝達関数) $t_d(s)$ を次に示す多項式の商で表わす．

$$t_d(s) = \frac{g_d \, r_d(s)}{p_d(s)} \tag{2.5}$$

$r_d(s)$：m_d 次安定モニック多項式，$p_d(s)$：n_d 次安定モニック多項式である．

ここで，次の条件が成立するものと仮定する．
（1）プラントは最小位相系(分子は安定多項式)
（2）$n_d - m_d \geq n - m$

また，$q(s)$ を $(n-1)$ 次任意安定モニック多項式とし，前置補償器の伝達関数 $G(s)$ を次のように置く．

$$G(s) = \frac{f(s) \, g_d \, r_d(s)}{p_d(s)} \tag{2.6}$$

ここで，$f(s)$ は $(n-m)$ 次任意安定モニック多項式である．

このとき，$v(s)$ から $y(s)$ までの伝達関数は，式(2.7)で表わされる．

$$\frac{y(s)}{v(s)} = \frac{g_d \, r(s) \, q(s) \, f(s) \, r_d(s)}{\{p(s) \, q(s) - k(s) \, p(s) - h(s) \, r(s)\} \, p_d(s)} \tag{2.7}$$

一方，規範モデルの伝達関数は，

$$\frac{y_m(s)}{v(s)} = t_d(s) = \frac{g_d \, r_d(s)}{p_d(s)} \tag{2.8}$$

と表わされる．プラントの出力 y と規範モデルの出力 y_m とを一致させるためには，式(2.7), (2.8)より，

$$p(s)\,q(s) - k(s)\,p(s) - h(s)\,r(s) = r(s)\,q(s)\,f(s) \tag{2.9}$$

が成り立つように $k(s)$, $h(s)$ を決定できればよい．

式(2.9)を変形し，多項式の次数を考えると，

$$\underbrace{k(s)}_{\substack{n\text{次}\\ \text{モニック}}}\underbrace{p(s)}_{\substack{m\text{次}\\ \text{モニック}}} + \underbrace{h(s)}_{\substack{n-1\text{次}\\ \text{モニック}}}\underbrace{r(s)}_{\substack{n\text{次}\\ \text{モニック}}} = \underbrace{q(s)\,p(s)}_{2n-1\text{次モニック}} - \underbrace{r(s)\,q(s)\,f(s)}_{2n-1\text{次モニック}} \tag{2.10}$$

$$\underbrace{}_{2n-2\text{次}}$$

となり，Diophantine の定理より，$k(s)$ および $h(s)$ は，それぞれ $(n-2)$ 次以下および $(n-1)$ 次以下の多項式として一意的に求められ，EMM は達成される．そのときの制御入力信号 $u(\tau)$ は次式により合成される．

$$u(s) = -\frac{1}{g}\left\{\frac{g\,k(s)}{q(s)}u(s) + \frac{h(s)}{q(s)}y(s)\right\} + \frac{1}{g}\bar{v}(s) \tag{2.11}$$

2.2.3 適応制御

これまでの説明では，プラントの伝達関数がわかっているとしてきたが，ここからの説明では伝達関数は未知とする．ただし，次数だけは既知であり，分母多項式 $p(s)$, 分子多項式 $r(s)$ の係数が未知であるとする．

プラントの伝達関数が未知であるため，EMM の手法で $h(s)$, $k(s)$ を決定することはできないが，それぞれの次数は $h(s):(n-1)$ 次，$k(s):(n-2)$ 次であることはわかる．そこで，

$$h(s) = h_{n-1}s^{n-1} + h_{n-2}s^{n-2} + h_{n-3}s^{n-3} + \cdots\cdots + h_1 s + h_0 \tag{2.12}$$

$$k(s) = k_{n-2}s^{n-2} + k_{n-3}s^{n-3} + \cdots\cdots + k_1 s + k_0 \tag{2.13}$$

とおき，それぞれの多項式の係数とプラントのゲインを集めてベクトル θ を作る．

$$\theta = [-g\,k_{n-2},\, -g k_{n-3},\, \cdots,\, -g\,k_1,\, -g\,k_0,\, -h_{n-1},\, -h_{n-2},\, \cdots,\, -h_1,\, -h_0]^T \tag{2.14}$$

また，信号ベクトルとして

$$w(t) = \Bigg[\frac{p^{n-2}}{q(p)}u(t),\, \frac{p^{n-3}}{q(p)}u(t),\, \cdots,\, \frac{1}{q(p)}u(t),\, \frac{p^{n-1}}{q(p)}y(t),$$

$$\frac{p^{n-2}}{q(p)}y(t),\, \cdots,\, \frac{1}{q(p)}y(t)\Bigg]^T \tag{2.15}$$

を考える．ここで，p は微分演算子である．これらを使うと，EMM の場合と同様に制御入力信号は次式で表わすことができる．

$$u(t) = -\theta^T \frac{w(t)}{g} + \frac{\bar{v}(t)}{g} \tag{2.16}$$

ただし，g, θ は未知パラメータであるので，このままでは制御入力信号を計算することはできない．そこで，g, θ の代わりに可調整パラメータ $\tilde{g}, \tilde{\theta}$ を用いて，

$$\mathrm{u}(t) = -\tilde{\theta}^T \frac{w(t)}{\tilde{g}} + \frac{\bar{v}(t)}{\tilde{g}} \tag{2.17}$$

として，制御入力信号を計算する．$\tilde{g}, \tilde{\theta}$ は，後述の方法で g, θ に等しくなるように調整される．

式(2.9)を変形して，プラントの動特性を $\{g, k(s), h(s)\}$ を用いて表現すると

$$y(t) = g\frac{u(t)}{f(p)} + \theta^T \frac{w(t)}{f(p)} \tag{2.18}$$

となる．この式の g, θ の代わりに $\tilde{g}, \tilde{\theta}$ を用いた

$$\tilde{y}(t) = \tilde{g}\frac{u(t)}{f(p)} + \tilde{\theta}^T \frac{w(t)}{f(p)} \tag{2.19}$$

を同定器とし，同定誤差を次式で定義する．

$$\begin{aligned} e(t) &= \tilde{y}(t) - y(t) \\ &= [\tilde{g}(t)-g,\ \tilde{\theta}^T(t)-\theta^T] \begin{bmatrix} f^{-1}(p)\,u(t) \\ f^{-1}(p)\,w(t) \end{bmatrix} \end{aligned} \tag{2.20}$$

$t \to \infty$ で，$\tilde{g}(t) \to g$，$\tilde{\theta}(t) \to \theta$ とするためのパラメータ調整則を用いれば，式(2.17)によって作られる制御入力信号によって EMM と同様にプラントを制御できる．これをモデル規範形適応制御という．

2.2.4 離散時間モデル規範型適応制御系の設計

適応制御系においては，可変パラメータは通常，複数個設けられ，おのおのが乗算操作，積分操作を経て調整されるため，コントローラの構成は複雑なものにならざるをえない．したがって，計算上の問題から考えると，適応制御装置はアナログ方式よりもソフトウェアのアルゴリズムの形で実現でき

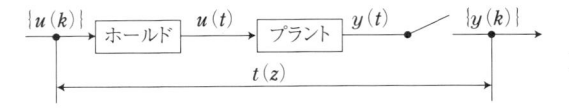

36　第2章　油圧システムの適応制御

図2.5　離散時間制御における信号の流れ

るディジタル方式を用いる方が望ましい．ディジタルコンピュータを用いる場合，離散時間コントローラは，プラントの離散時間モデルに対して設計されることが不可欠であり，そのため，電気・油圧サーボ系の離散時間モデルが必要である．

ディジタルコンピュータ上にコントローラを構成するとき，$y(t)$, $v(t)$ は周期 T ごとにサンプル値 $y(k)$, $v(k)$ としてコントローラに取り入れられ，制御入力信号 u が計算される．一方，プラントは連続的に動作するので，制御入力信号の値を1サンプリング周期の間，一定値 $u(k)$ に保ってプラントに出力する．これをホールドという．したがって，離散時間制御系における信号の流れは図2.5のようになる．

離散時間制御においてはラプラス変換の代わりに

$$y(z) = \sum_{k=0}^{\infty} y(k) z^{-k} \tag{2.21}$$

で定義される z 変換が用いられる．$y(z)$ と $u(z)$ の比をパルス伝達関数といい，$t(z)$ で表わす．$t(z)$ は，$t(s)$ とホールド回路の伝達関数 $(1-e^{-Ts})/s$ の積 $t(s)(1-e^{-Ts})/s$ の z 変換であって，

$$t(z) = \left(1 - \frac{1}{z}\right) Z\left\{\frac{t(s)}{s}\right\} \tag{2.22}$$

となる．

（1）規範モデルの設計

MRAC とは，連続時間系において $t \to \infty$，離散時間系において $k \to \infty$ で，
　　　（規範モデル出力）＝（プラント出力）
となるような理論である．したがって，規範モデルの設計はプラントの出力を大きく左右するものとなる．

ここでは一つの例として，二次系規範モデルの設計について紹介する．二次系規範モデルで表わされる最も簡単な系は減衰振動系であり，定常偏差が 0 となるような系は次式で表わされる．

$$t_d(s) = \frac{\omega_n^2}{s^2 + 2\zeta\omega_n s + \omega_n^2} \tag{2.23}$$

設計パラメータは減衰比 ζ と固有振動数 ω_n の二つであるが,ステップ応答によるプラントの出力がオーバシュートするような系は好ましくないので,$\zeta \geq 1$ であることが必要である.しかし,ζ を大きくとりすぎると速応性が損なわれるので,$\zeta = 1$ とする.

$$t_d(s) = \frac{\omega_n^2}{s^2 + 2\omega_n s + \omega_n^2} \tag{2.24}$$

式(2.23)で表わされる伝達関数を持つ系に高さ 1 のステップ入力を加えた場合の系の出力が 0.5 となるまでの時間(遅れ時間)L_t は ζ と ω_n により,近似的に次式で与えられる.

$$L_t = \frac{1 + 0.7\zeta}{\omega_n} \tag{2.25}$$

$\zeta = 1$ の場合には,

$$\omega_n = \frac{1.7}{L_t} \tag{2.26}$$

となり,オーバシュートを生じない規範モデルの伝達関数は遅れ時間 L_t を指定することにより,式(2.24),(2.26)によって決定することができる.規範モデルの伝達関数の式(2.24)を z 演算子で離散化すると次式が得られる.

$$\left. \begin{aligned} t_d(z) &= \frac{b_1 z + b_0}{z^2 + a_1 z + a_0} \\ a_1 &= -2e^{-\omega_n T_s} \\ a_0 &= e^{-2\omega_n T_s} \\ b_1 &= 1 - e^{-\omega_n T_s} - \omega_n T_s e^{-\omega_n T_s} \\ b_0 &= \omega_n T_s e^{-\omega_n T_s} - e^{-\omega_n T_s} + e^{-2\omega_n T_s} \end{aligned} \right\} \tag{2.27}$$

ここで,T_s:サンプリング時間である.

(2) 離散時間適応制御系の構成

図 2.6 に z 変換を用いた直接法による適応制御系のブロック線図を示す.プラントの伝達関数 $t(z)$ および希望伝達関数(規範モデルの伝達関数)$t_d(z)$,前置補償器の伝達関数 $G(z)$ を次に示す多項式の商で表わす.

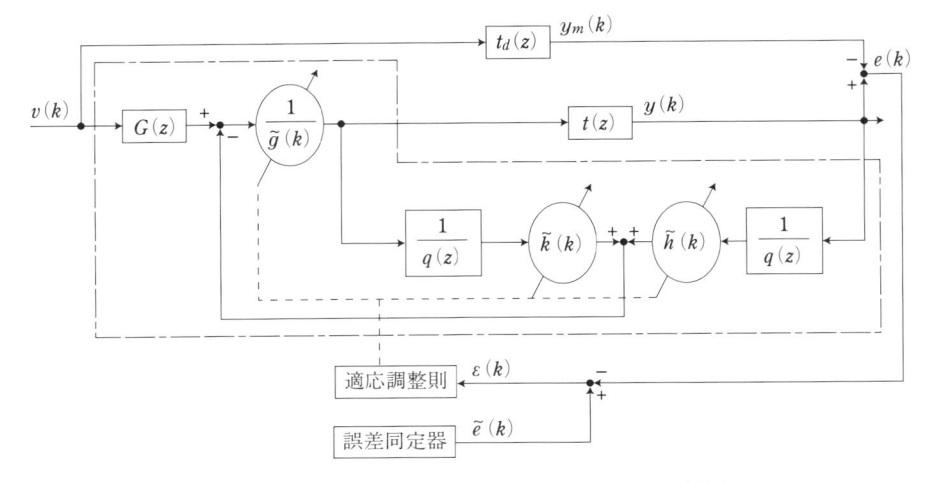

図 2.6　z 変換による離散時間 MRAC のブロック線図

$$t(z) = \frac{g\,r(z)}{p(z)} \tag{2.28}$$

ここで，$r(z)$：m 次安定モニック多項式，$p(z)$：n 次モニック多項式 ($n>m$) である．

$$t_d(z) = \frac{g_d\,r_d(z)}{p_d(z)} \tag{2.29}$$

ここで，$r_d(z)$：m_d 次安定モニック多項式，$p_d(z)$：n_d 次安定モニック多項式である．

$$G(z) = \frac{f(z)\,g_d\,r_d(z)}{p_d(z)} \tag{2.30}$$

ここで，プラントは最小位相系 (分子は安定多項式)，$n_d - m_d \geq n - m$ であり，$q(z)$ を $(n-1)$ 次任意安定モニック多項式，$f(z)$ を $(n-m)$ 次任意安定モニック多項式とする．

　プラントの伝達関数は未知であるが，$k(z)$ は $(n-2)$ 次，$h(z)$ は $(n-1)$ 次の多項式であり，

$$h(z) = h_{n-1} z^{n-1} + h_{n-2} z^{n-2} + \cdots + h_1 z + h_0 \tag{2.31}$$

$$k(z) = \qquad\qquad k_{n-2} z^{n-2} + \cdots + k_1 z + k_0 \tag{2.32}$$

と表わすことができる．また，θ および $\omega(k)$ を

$$\theta = [g\,k_{n-2},\, g\,k_{n-3},\, \cdots,\, g\,k_1,\, g\,k_0,\, h_{n-1},\, h_{n-2},\, \cdots,\, h_1,\, h_0]^T \tag{2.33}$$

$$\omega(k) = \left[\frac{z^{n-2}}{q(z)} u(k),\, \cdots,\, \frac{z}{q(z)} u(k),\, \frac{1}{q(z)} u(k),\, \frac{z^{n-1}}{q(z)} y(k),\, \cdots,\, \frac{1}{q(z)} y(k)\right]^T \tag{2.34}$$

と定義すれば，制御入力信号 $u(k)$ は

$$u(k) = -\frac{1}{g} \theta^T \omega(k) + \frac{1}{g} \bar{v}(k) \tag{2.35}$$

となる．g, θ は未知パラメータであるので，可調整パラメータ $\tilde{g}(k), \tilde{\theta}(k)$ を用いて制御入力信号を表わすと次式となる．

$$u(k) = -\frac{1}{\tilde{g}(k)} \tilde{\theta}^T(k) \omega(k) + \frac{1}{\tilde{g}(k)} \bar{v}(k) \tag{2.36}$$

ここで，プラントの動特性を $\{g, k(z), h(z)\}$ を用いて表現すると

$$\begin{aligned} y(k) &= \frac{g}{f(z)} u(k) + \frac{g\,k(z)}{q(z)f(z)} u(k) + \frac{h(z)}{q(z)f(z)} y(k) \\ &= g\left\{\frac{1}{f(z)} u(k)\right\} + \theta^T \left\{\frac{1}{f(z)} \omega(k)\right\} \\ &= g\,\zeta_u(k) + \theta^T \zeta_\omega(k) \end{aligned} \tag{2.37}$$

$$\left.\begin{aligned} \zeta_u(k) &= \frac{1}{f(z)} u(k) \\ \zeta_\omega(k) &= \frac{1}{f(z)} \omega(k) \\ \zeta(k) &= [\zeta_u(k),\, \zeta_\omega(k)]^T \end{aligned}\right\} \tag{2.38}$$

となる．また，適応誤差 $e(k)$ を，

$$\begin{aligned} e(k) &= y(k) - y_m(k) \\ &= g\,\zeta_u(k) + \theta^T \zeta_\omega(k) - y_m(k) \end{aligned} \tag{2.39}$$

と定義し，誤差同定器出力 $\tilde{e}(k)$ を，

$$\tilde{e}(k) = \tilde{g}(k-1)\,\zeta_u(k) + \tilde{\theta}^T(k-1)\,\zeta_\omega(k) - y_m(k) \tag{2.40}$$

と表わす．

　ここで，注意すべきこととして，誤差同定器では可調整パラメータ $\tilde{g}, \tilde{\theta}$ として更新前のパラメータ $\tilde{g}(k-1), \tilde{\theta}(k-1)$ を利用している．

　このとき同定誤差 $\varepsilon(k)$ は次式で表わされる．

$$\begin{aligned}\varepsilon(k) &= \tilde{e}(k) - e(k) \\ &= [\tilde{g}(k-1)-g,\ \tilde{\theta}^T(k-1)-\theta^T]\begin{bmatrix}\zeta_u(k)\\ \zeta_\omega(k)\end{bmatrix} - y(k)\end{aligned} \quad (2.41)$$

また，$\tilde{\phi}(k) = [\tilde{g}(k),\ \tilde{\theta}^T(k)]^T,\ \phi = [g,\ \theta^T]^T$ として，ここで，$k \to \infty$ で，$\varepsilon(k) \to 0,\ g(k) = g,\ \tilde{\theta}(k) = \theta$ となるような次のパラメータ調整則を使用する（最小二乗法アルゴリズム）[5]．

$$\left.\begin{aligned}\tilde{\phi}(k) &= \tilde{\phi}(k-1) - \frac{\Gamma(k-1)\,\zeta(k)\,\varepsilon(k)}{1+\zeta^T(k)\,\Gamma(k-1)\,\zeta(k)} \\ \Gamma(k) &= \Gamma(k-1) - \frac{\Gamma(k-1)\,\zeta(k)\,\zeta^T(k)\,\Gamma(k-1)}{1+\zeta^T(k)\,\Gamma(k-1)\,\zeta(k)} \\ \Gamma(-1) &= \alpha I \quad \alpha \gg 1 \quad [\Gamma(-1) は \Gamma(k) の初期値]\end{aligned}\right\} \quad (2.42)$$

　最小二乗法アルゴリズムは，プラントパラメータが変動しないときには極めて速い収束速度を与え，また，適応ゲイン $\Gamma(k)$ は急速に極めて小さな値になる．したがって，プラントパラメータが変動するような場合には，$\tilde{\phi}(k)$ はそれに追従できない．そのため，この適応機構を用いるときには，同定誤差に基づいて $\Gamma(k)$ を初期化するという動作が必要である．

2.3 電気・油圧サーボ系への z 変換を用いた適応制御系の設計

　図 2.7 に示すサーボ弁，油圧モータ（あるいは油圧シリンダ）および慣性負荷で構成される電気・油圧サーボシステムは，

（1）サーボ弁の応答性は十分速く，サーボ弁スプール変位は入力信号に比例する

（2）作動油の圧縮性は無視できる

という仮定のもとで，その動特性を二次遅れ系で近似でき，パルス伝達関数は

2.3 電気・油圧サーボ系への z 変換を用いた適応制御系の設計

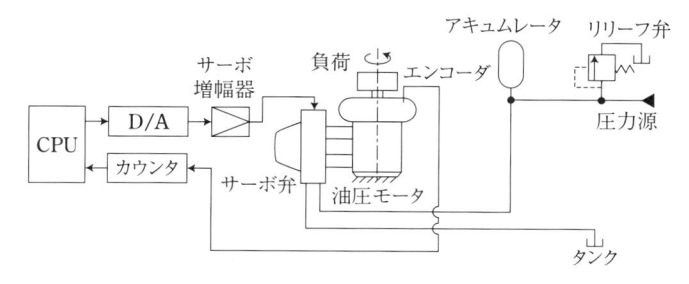

図 2.7 電気油圧式位置決めサーボシステム

$$\left.\begin{aligned}
G(z) &= \frac{b_1 z + b_0}{z^2 + a_1 z + a_0} \\
a_1 &= e^{-fT} - 1, \qquad a_0 = e^{-fT} \\
b_1 &= \frac{g}{f}\left(T + \frac{e^{-fT}}{f} - \frac{1}{f}\right) \\
b_0 &= \frac{g}{f^2}(fT + e^{-fT} - 1) \\
f &= \frac{D^2}{k_p I}, \qquad g = \frac{k_x k_u k_s D}{k_p I}
\end{aligned}\right\} \quad (2.43)$$

と表わすことができる．ここで，D：モータの瞬間押しのけ容積 (m³/rad)，I：負荷の慣性モーメント，k_p：サーボ弁の負荷圧力に対する流量ゲイン，k_s：サーボアンプゲイン，k_u：サーボ弁スプール変位と入力電圧との間のゲイン，k_x：サーボ弁スプール変位に対する流量ゲインである．

また，規範モデル伝達関数を次式で与えた．

$$t_d(z) = \frac{g_d r_d(z)}{p_d(z)} = \frac{g_d(z + r_{d1})}{z^2 + p_{d1} z + p_{d0}} \quad (2.44)$$

一方，プラントの伝達関数は，二次 ($n=2, m=1$) であるから，$q(z), f(z)$ は，それぞれ $(n-1, n-m)$ 次以下の任意安定モニック多項式であるので，以下とする．

$$q(z) = z \quad (2.45)$$
$$f(z) = z \quad (2.46)$$

$k(z)$ および $h(z)$ は，次数を考慮して，

$$k(z) = k_0 \quad (2.47)$$

$$h(z) = h_1 z + h_0 \tag{2.48}$$

とする．したがって，θ および $\omega(k)$ は次式となる．

$$\theta = [-g\,k_0, \; -h_1, \; -h_0]^T \tag{2.49}$$

$$\begin{aligned}\omega(k) &= \left[\frac{1}{z} u(k), \frac{z}{z} y(k), \frac{1}{z} y(k)\right]^T \\ &= [u(k-1), y(k), y(k-1)]^T\end{aligned} \tag{2.50}$$

可調整パラメータ $\tilde{\theta}(k)$ は上式より，

$$\begin{aligned}\tilde{\theta}(k) &= [-\tilde{g}(k)\tilde{k}_0(k), \; -\tilde{h}_1(k), \; -\tilde{h}_0(k)]^T \\ &= [\tilde{\theta}_1(k), \; \tilde{\theta}_2(k), \; \tilde{\theta}_3(k)]^T\end{aligned} \tag{2.51}$$

となる．$\zeta_u(k)$ および $\zeta_\omega(k)$ は，

$$\zeta_u(k) = \frac{1}{f(z)} u(k) = \frac{1}{z} u(k) = u(k-1) \tag{2.52}$$

$$\begin{aligned}\zeta_\omega(k) &= \frac{1}{f(z)} \omega(k) = \left[\frac{1}{z^2} u(k), \frac{1}{z} y(k), \frac{1}{z^2} y(k)\right]^T \\ &= [u(k-2), y(k-1), y(k-2)]^T\end{aligned} \tag{2.53}$$

同定誤差 $\varepsilon(k)$ は，

$$\begin{aligned}\varepsilon(k) &= \tilde{g}(k-1)\,\zeta_u(k) + \tilde{\theta}^T(k-1)\,\zeta_\omega(k) - \{g\,\zeta_u(k) + \theta^T\,\zeta_\omega(k)\} - y(k) \\ &= \tilde{g}(k-1)\,u(k-1) + \tilde{\theta}_1(k-1)\,u(k-2) + \tilde{\theta}_2(k-1)\,y(k-1) \\ &\quad + \tilde{\theta}_3(k-1)\,y(k-2) - y(k)\end{aligned} \tag{2.54}$$

制御入力信号 $u(k)$ は，

$$\begin{aligned}u(k) &= -\frac{1}{\tilde{g}(k)}\tilde{\theta}^T(k)\,\omega(k) + \frac{1}{\tilde{g}(k)}\bar{v}(k) \\ &= -\frac{\tilde{\theta}_1(k)\,u(k-1) + \tilde{\theta}_2(k)\,y(k) + \tilde{\theta}_3(k)\,y(k-1)}{\tilde{g}(k)} + \frac{1}{\tilde{g}(k)}\bar{v}(k)\end{aligned} \tag{2.55}$$

$\bar{v}(k)$ は，

$$\bar{v}(k) = \frac{f(z)\,g_d\,r_d(z)}{p_0(z)} v(k) = \frac{g_d(z^2 + r_{d0}z)}{z^2 + p_{d1}z + p_{d0}} v(k)$$

$$\therefore \quad \bar{v}(k) = -p_{d1}\,\bar{v}(k-1) - p_{d0}\,\bar{v}(k-2) + g_d\,v(k) + g_d\,r_{d0}\,v(k-1) \tag{2.56}$$

以上をまとめて，計算アルゴリズムを図 2.8 に示す．また，電気・油圧式位置決めサーボ系に対する直接法 MRACS のブロック線図を図 2.9 に示す．

アクチュエータが油圧シリンダの場合にも動特性を二次遅れ系で近似でき，パルス伝達関数は式(2.43)で表わされるが，係数は押しのけ容積 D，慣性モーメント I の代わりに，ピストン受圧面積 A，慣性負荷質量 M を使って表わされる．また，2.2.2 項の(1)，(2)の仮定を行なわず，厳密なモデルを用いるとパルス伝達関数の次数が高くなる．そのため，未知パラメータが増え，計算時間が長くなり，サンプリング間隔が長くなるという問題がある．

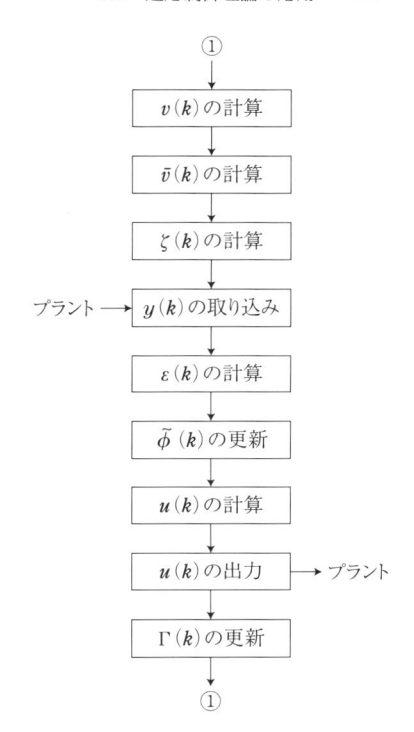

図 2.8 計算アルゴリズム

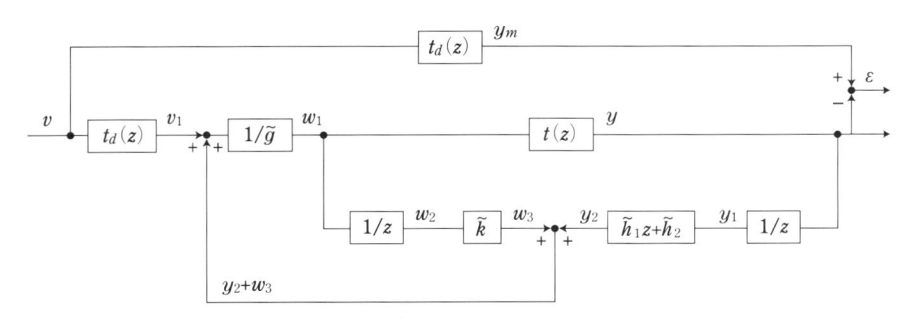

図 2.9 二次遅れ系に対する直接法 MRACS

2.4 適応制御理論の応用

前節で説明したサーボ弁，油圧モータ(あるいは油圧シリンダ)および慣性

負荷で構成される電気油圧位置決めサーボシステムに適応制御理論を適用した結果について述べる．

出力(負荷の回転角)の検出に用いたエンコーダの最大検出速度の関係から，規範入力は周期10 s，振幅90°の台形波とした．最小二乗法アルゴリズムを用い，負荷の慣性モーメント 0.517 kg・m^2，供給圧力 4.9 MPa，サンプリング周期82 ms，可調整パラメータの初期値 $[1, 0, 0, 0]$，適応ゲインの初期値 10 I の場合の実験結果を図2.10に示す[6]．プラントの動特性，すなわち可調整パラメータの初期値がまったくわからないとしているため，最初の1周期目はプラント出力は規範モデル出力に追従できないが，2周期目以降は良好な追従性が得られている．しかしながら，負荷の慣性モーメントが大きくなった場合やサンプリング周期が短くなった場合に，コントローラは不安定になった．これは，連続時間系の伝達関数にゼロ点がなくても離散化し，パルス伝達関数を求めるとゼロ点が現われ，負荷の慣性モーメントが大きくなった場合やサンプリング周期が短くなった場合に，そのゼロ点の絶対値が1

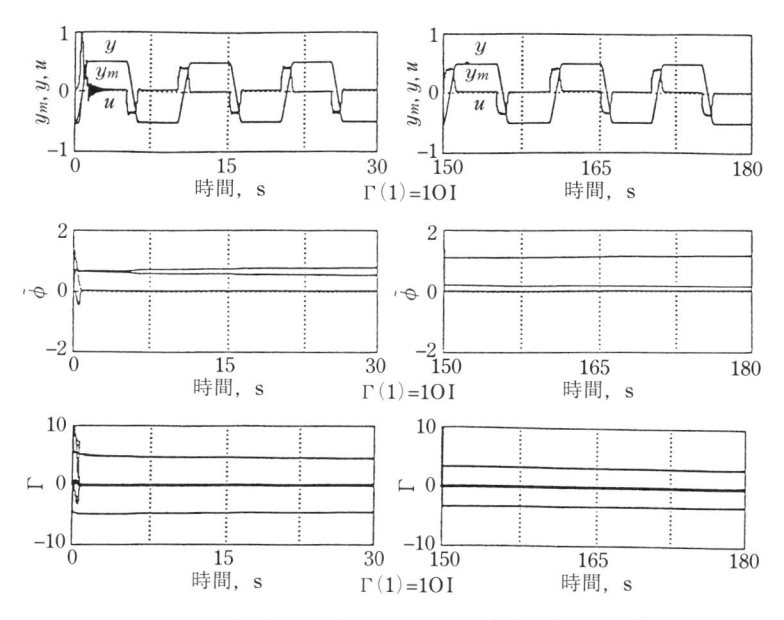

図2.10 適応制御実験結果 (パラメータ初期値$[1, 0, 0, 0]$)[6]

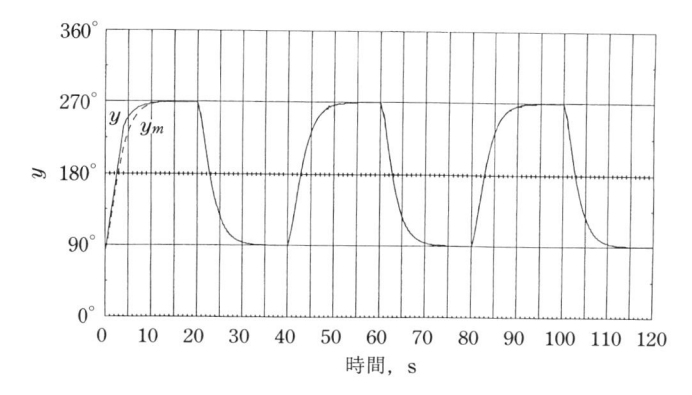

図2.11 マシニングセンタ NC テーブルの制御結果

表2.1 マシニングセンタの仕様

	単位	EN 40 B
テーブル左右移動量(X軸)	mm	550
スピンドルヘッド上下移動量(Y軸)	mm	450
主軸中心線からテーブル上面までの距離	mm	50〜500
テーブル前後移動量(Z軸)	mm	500
主軸端面からテーブル中心までの距離	mm	120〜620
作業面(段取りパレット自転形)	mm	400 口
割出し角度		5°毎72割出し(カービックカップリング)
最大積載重量(パレット上)	kg	600
切削送り速度	mm/min	1〜3 600
早送り速度	mm/min	15 000
収納本数	本	30
交換時間	sec	5
主軸駆動用	kW	AC 11/7.5
油圧装置駆動用	kW	AC 3.7
所用負荷電力	kVA	35
機械重量(2 APC 付)	kg	7 500

に近づくため,計算誤差などにより不安定になるものと考えられる.

また,上述の適応制御理論を用いた電気油圧位置決めサーボシステムをマシニングセンタの NC テーブルの駆動に適用した結果を図 2.11 に示す.また,使用したマシニングセンタの主な仕様を表 2.1 に,試験装置概略を図 2.12 に示す.図 2.11 は,最初 100 kg の円筒形の負荷を載せて運転し,70 s の時点でさらにもう一つ 100 kg の負荷を追加した場合の結果である.負荷を載せた直後 70 s から 75 s の間,y と y_m との間に若干の差が見られるが,

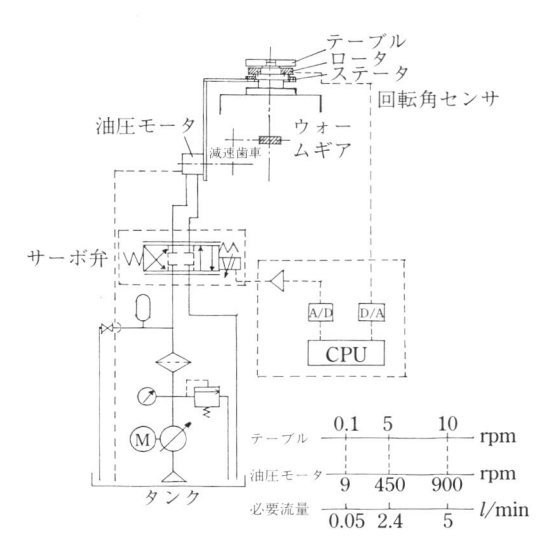

図 2.12　試験装置概略

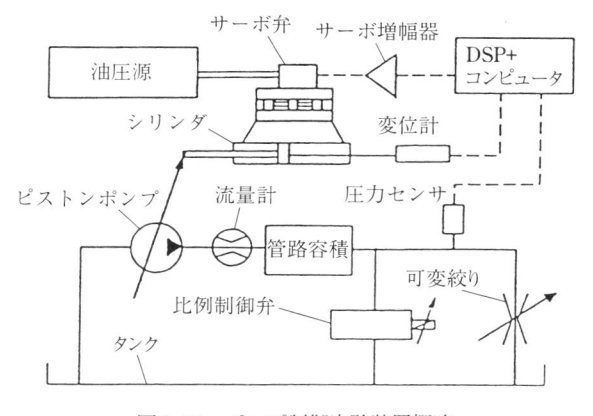

図 2.13　ポンプ制御実験装置概略

その後はよく一致しており，この程度の負荷の変動はすぐに適応されてしまうことがわかる．なお，負荷を運転中に取り外した場合にも同様な実験結果が得られている．

可変容量型ピストンポンプの吐出し圧力を負荷の変化にかかわらず常に一定に制御するためにモデル規範形適応制御理論を応用した例が報告されている[7]．図 2.13 に実験装置の概略を示す．z 変換を用いて離散化したコントローラを用い，サンプリング時間は 10 ms で実験を行なっている．図 2.14 は，単純な出力フィードバックコントローラを用いた実験結果である．図 2.15 は，矩形波状の規範入力を与えた場合の適応制御の結果である．また，図 2.16 は負荷として設置されている弁の開度ステップ上に変化させて外乱を与えた場合の応答を示している．これらの図を比較することにより，適応制御の有効性が確認される．

このように，連続時間系のプラントが離散時間系で制御されるとき，数学モデルは，離散時間系で記述されなければならず，また，サンプリング周期

は制御系を設計するに当たり重要なパラメータとなる．連続時間系において最小位相系でも，サンプリング周期が減少すると，z 演算子を用いた離散時間系は，非最小位相系となってしまうことがある．電気・油圧サーボ系もまたサンプリング周期がプラントの固有周期の 1/2 以下になったとき，非最小位相系になってしまう[9]．MRAC 理論は，プラントは最小位相系であるという仮定のもとに発展してきたため，z 変換を用いた MRAC 理論は，高い応答性を持たせるために設計された短いサンプリング周期のプラントを制御できなくなることがある．

この問題の原因は z 演算子を用いた離散時間表現にあるので，δ 演算子が離散時間モデルを得るために導入された[3,10,11]．δ 演算子を用いた離散時間モデルは，サンプリング周期がゼロに向かうとき，ラプラス演算子を用いた連続時間系に近づく．そのため，連続

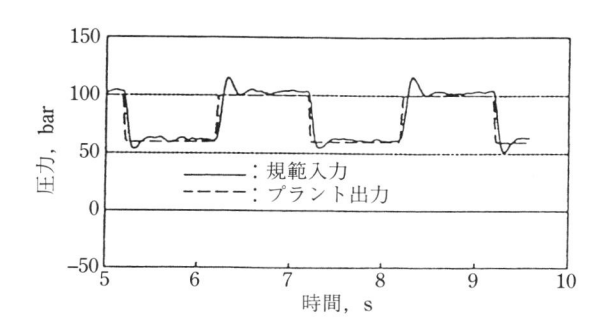

図 2.14 比例制御実験結果

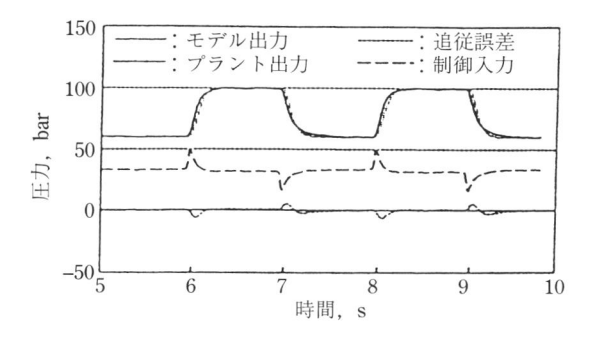

図 2.15 適応制御実験結果

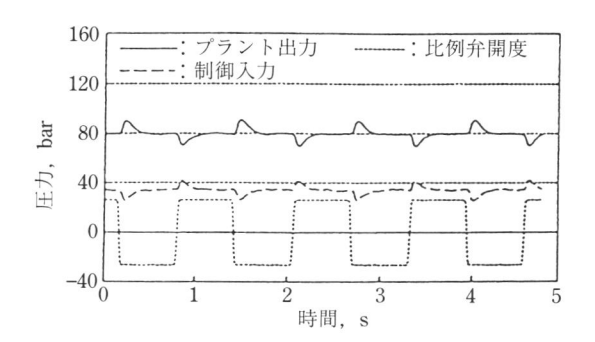

図 2.16 負荷変動に対する応答

時間系の最小位相系は，離散時間系での最小位相系に移される．この離散化方式を用いることにより，z 演算子を用いた場合よりかなり短いサンプリング周期における制御が可能である．

　モデル規範形適応制御理論の油圧システムへの応用について述べたが，説明が十分でない部分の多々ある．適応制御理論に関する解説書や油圧システムへの応用に関する解説書が幾つか発行されているので参照されたい[12〜14]．また近年，適応制御コントローラが市販されており，油空圧システムへの応用に向けた解説がなされている[15]．

参考文献

1) 市川・金井・鈴木・田村：適応制御，昭晃堂 (1984)．
2) Landau, 富塚：適応制御システムの理論と実際，オーム社 (1981)．
3) 金井・堀：ディジタル制御システム入門 (1992)．
4) 市川邦彦：油圧と空気圧，適応制御(1)〜(4)，**16**, 7〜**17**, 4 (1985〜1986)．
5) 新中新二，適応アルゴリズム，産業図書 (1990)．
6) 山橋・池尾・高橋：直接法モデル規範形適応制御理論の電気油圧サーボシステムへの応用，油圧と空気圧，**20**, 7 (1989) pp. 625-632.
7) 高橋・池尾・田中：大型工作機械における工作物割り出し装置への適応制御理論の応用に関する研究報告書，工作機械技術振興財団 (1988).
8) F. Hu & K. Edge："Constant Pressure Control of a PistonPump Using a Model Reference Adaptive Contol Scheme", Preprint of 11 A.F.K., vol. 2, p. 425-439.
9) 山橋・高橋・池尾：「適応制御理論の電気油圧サーボシステムへの応用(非最小位相問題とその解決策)」，油圧と空気圧，**21**, 7 (1990) pp. 688-695.
10) N. Hori et al.："Design of an Electrohydraulic Positioning System Using a Novel Model Reference Control Scheme", Journal of Dynamic System, Measurement and Control, Vol. 111 (1990) pp 292-298.
11) 山橋・高橋・池尾：「δ 演算子を用いたモデル規範形適応制御理論の電気油圧サーボシステムへの応用」，油圧と空気圧，**22**, 2 (1991) pp. 184-190.
12) 田中裕久：油空圧のディジタル制御と応用，近代図書 (1987)．
13) 佐々木能成：ディジタルサーボのソフトウェア，近代図書 (1994)．
14) D. P. Stoten：Model Reference Adaptive Control of Manipulators, Research Study Press (1990).
15) 京和泉宏三：「一般産業用油空圧サーボ系のロバストコントローラ」，油圧と空気圧，**28**, 4 (1997) pp. 420-429.

第3章 油圧システムのファジィ制御

3.1 ファジィ制御の基礎理論

　ファジィ理論は，1965年にカリフォルニア大学バークレー校のザデー(Zadeh)による論文「ファジィ集合(Fuzzy Sets)」が「情報と制御(Information and Control)」に掲載されたことから始まった[1]．その当時は余り話題にはならなかったが，1974年にクイーンマリィ大学(Queen Mary University)のマムダニ(Mamdani)がファジィ推論をスチームエンジンの自動運転にファジィ制御を応用したことから制御応用の見通しが与えられた[2]．その後，デンマークのセメント会社であるエフ・エル・スミス(F. L. Smidth)社はセメント工場のキルン(粘土や石灰岩からセメントの粉を作る粉体炉)の運転にファジィ制御を導入し，営業運転を開始した[3]．これがファジィ制御の産業応用の始まりであった．その後，日本でも1980年代に入ると日立製作所システム開発研究所の列車自動運転[4]，富士電機グループの浄水場薬品注入制御の実用化がなされ[5]，日本のファジィブームのきっかけとなった．特に，1990年の年頭に発表された全自動洗濯機には商品名にもファジィという用語が用いられ，世間に「ファジィ」という用語を浸透させるきっかけを作った．家電業界の多くはこの動きに追従し，「ファジィ」は1990年の新語大賞金賞にも選ばれ，一般家庭にまで認知してもらう結果となった．日本におけるこのような成功に刺激され，欧米各国でも多くの研究成果が報告されるようになった．

　ファジィ制御では，現場の知識をファジィ集合で表現されたファジィルール集合で記述し，内挿補間により効率的に制御量を決定するというルール型ファジィ推論の技術を用いている．本節では，ファジィ集合の考え方を述べた後でファジィ推論の概略を説明し，その応用としてファジィ制御について述べる．

　従来，集合の境界は厳密に定義されなければならなかった．ある要素が集合に属するか，属さないか，そのどちらでもないということは，議論を始め

ることができない，許されないことであった．しかし，現実の世界には境界があやふやな事柄が数多く存在する．むしろ，われわれが日常使っている言葉には厳密であるものの方が少ないのではないだろうか．ザデーは，1965年に厳密に境界を定義する集合論では，われわれが持っている感覚などを表現することが困難であることを指摘し，境界が曖昧な集合の概念を提唱した．ザデーは，この集合をファジィ集合と名づけた．例えば，ある人物が男性か女性かというような属性は明確ではっきり(crisp)しているが，背が高いとか，若いとか，太っているなどという属性は，「はい」，「いいえ」だけでは表現しかねる場合も多い．そこで，ザデーはメンバーシップ関数と呼ばれる一種の評価関数で記述されるファジィ集合として捉えようとした．メンバーシップ関数とは議論の対象にしているものの集まり(全体空間あるいは台集合)の上で，属性を0以上1以下の実数値で評価して与えた関数である．例えば，全体空間 X を人間の年齢とし，そこで若いというファジィ集合 A のメンバーシップ関数を μ_A とすれば，

$$\mu_A : X \longrightarrow [0,1] \tag{3.1}$$

と表現され，値 $\mu_A(x)$ は要素 $x(\in X)$ に対する帰属度(メンバーシップグレード)という．つまり，0と1以外の中間評価も認めることで曖昧情報をうまく表現することができるようになる．ファジィ制御では，これらの考え方をファジィルールに取り込んでベテランの制御知識を表現する．

次に，ファジィ制御で中心的な役割を演じるファジィ推論について説明する．ファジィ推論を行なうためには推論規則が必要である．ファジィ推論の推論規則は IF-THEN 形式で記述される．現在，推論法には種々のものがあるが，代表的なものは①マムダニの推論法，②後件部に線形関数を用いた推論法，③後件部を簡略化した推論法などがある．マムダニの推論法は論理学的根拠に乏しいが，min 演算と max 演算によって構成される推論機構の単純さゆえにその適用範囲は広くよく使用されている．そこで，マムダニの推論法について説明する．推論規則として次のような IF-THEN 規則を用いる．

規則：IF x is A and y is B THEN z is C $(A \Rightarrow B)$

ここで，A, B, C はファジィ集合である．IF-THEN 規則の中で IF の後

ろから THEN の前までの部分を前件部，THEN から後ろの部分を後件部という．前件部で使われている変数 x や y を前件部変数，後件部で使われている z を後件部変数という．また，事実と結論は次のような形式であるとする．

　　事実：x is A'

　　結論：y is B'

ここで，A', B' もファジィ集合である．$A \Rightarrow B$ のメンバーシップ関数は，

$$\mu_{A \Rightarrow B}(x, y) = \mu_A(x) \longrightarrow \mu_B(y) \tag{3.2}$$

と与えられる．結論 B' は事実 A' とファジィ規則 $A \Rightarrow B$ との max-min 合成によって得られる．

$$\left. \begin{array}{l} B' = A' \bigcirc (A \Rightarrow B) \\ \mu_B(y) = \vee_x \{\mu_{A'}(x) \wedge [\mu_A(x) \to \mu_B(y)]\} \end{array} \right\} \tag{3.3}$$

ただし，$\vee = \max$, $\wedge = \min$ である．次に，このようなファジィ推論形式を一般化し，条件部が複数のファジィルールからなる場合を考える．

　　規則 1：A_1 and $B_1 \Longrightarrow C_1$

　　規則 2：A_2 and $B_2 \Longrightarrow C_2$

　　　　　　　　　　　$\vdots$

　　規則 n：A_n and $B_n \Longrightarrow C_n$

　　事実：x and y

　　結論：　　　　　　　C'

ここで，A_i, B_i, C_i はファジィ集合である．推論結果 C_i' は

$$\mu_{Ci'}(z) = \mu_{Ai}(x) \wedge \mu_{Bi}(y) \wedge \mu_{Ci}(z) \tag{3.4}$$

最終的な結論は，C' の結びをとる．

$$C' = C_1' \cup C_2' \cup \cdots C_n' \tag{3.5}$$

$$\mu_{C'}(z) = \mu_{C1'}(z) \vee \mu_{C2'}(z) \vee \cdots \vee \mu_{Cn'}(z) \tag{3.6}$$

C' はファジィ集合なので，ファジィ制御などで確定した値が必要な場合には，非ファジィ化が必要である．C' の代表点を z とすると，重心法として

$$z = \frac{\Sigma z_i \cdot \mu_{C'}(z)}{\Sigma \mu_{C'}(z)} \tag{3.7}$$

がよく用いられる．以上を min-max-重心法という．次に後件部を定数にした簡略化ファジィ推論法について述べる．簡略化ファジィ推論では，後件部を定数にして処理速度を高めるとともに，ファジィ集合の形状を気にする必要をなくすことができる．つまり，

規則 1：A_1 and $B_1 \Longrightarrow z_1$
規則 2：A_2 and $B_2 \Longrightarrow z_2$
$\vdots$
規則 n：A_n and $B_n \Longrightarrow z_n$
事実：x and y
結論：　　　　　　z'

と記述できる．前件部の適合度を h_i を

$$h = \mu_{Ai}(x)\,\mu_{Bi}(y) \tag{3.8}$$

とする．結論 z は，

$$z = \frac{h_1 z_1 + h_2 z_2 + \cdots + h_n z_n}{h_1 + h_2 + \cdots + h_n} \tag{3.9}$$

である．

3.2 ファジィ制御の特徴と問題点

　制御規則をファジィ IF-THEN 規則で記述すれば，ファジィ推論によってファジィ制御を実行できる．マムダニによる試みから始まったファジィ制御の手法は，若干の修正が加えられたものの現在もそのままの形で広く使われている．ファジィ制御の特徴としては，

（1）ルール型のアプローチのアルゴリズムが，数式モデルアプローチに比べて直感的でわかりやすい．
（2）数式モデルアプローチでは大きな問題点である対象の線形特性を仮定する必要がなく，非線形特性でも容易に実現できる．
（3）システムをコンパクトにまとめて価格性能比のよいものを作り上げる省力型技術として有用である．
（4）数理モデルではなかなか考慮しにくい人的要因（human fator）もかなりの程度まで比較的容易に取り込める．

などの長所を持っているが，一方では
（1）ファジィ制御は，ともすると数式モデルアプローチに見られる厳密化や客観化という，従来から培ってきた大事なことを忘れさせる危険がある．
（2）ファジィ制御は，結果よければすべてよしという安易な考え方を助長する．
（3）ファジィ制御は小規模なシステムのみに有効である．
（4）ファジィ制御は補間技術にすぎない．
（5）ファジィ制御では，対象の性質が時間的に変化しない，いわばスタティックなもののみを扱っている．本来，制御とはダイナミックな動きのあるものを対象としていたのであり，その意味でファジィ制御は制御技術とは認めがたい．
（6）ファジィ制御でなければできぬものがあるのか．
（7）ファジィ制御には，従来，制御理論で重視されてきた安定性や信頼性に関する理論がないので，安心して使えない．
（8）ファジィ制御では結果はよいものが得られるが，ルールやメンバーシップ関数の調整に手間取り，優秀な技術者を長期間従事させる必要があって効率が悪い．

などの問題点が指摘されている．

しかし，現在では種々の解析的手法も併用して，大規模で複雑なシステムへの応用へも進み出しており，適応ファジィ制御，再帰型ファジィ制御など，時間的に対象の性質が変化していく対象を扱う研究も進んでいる．また，安定性や信頼性の理論展開もかなり進んでいるとはいえ，制御理論的観点からのファジィ制御の理論的整備は，今後の継続的課題の一つといえる．また，ルールやメンバーシップ関数の調整に関しても適切なデータに合わせて自動調整する技術が，ファジィクラスタリング，ニューラルネットワーク，GAなどの手法を用いて実用化されてきている．

3.3 ファジィ制御の油圧システムへの応用事例概観

ファジィ制御は，前節で述べてきたように制御系の設計に際して，システ

ムの数学モデルを必要とせず，複雑な系あるいは非線形な系にも適用可能であるという特徴がある．一般に，油圧システムは非線形要素を含み，数学モデルに基づく制御系設計法の適用を制限または困難にしてきた．このようなことから，油圧システムへのファジィ制御適用の試みは少なくない．ここに幾つかの分野における適用事例について概説する．

油圧エレベーターにおいては，油温・積載量により走行特性が変化し，着床時のクリープ運転が長引いたり，始動時に振動が発生したりする欠点があった．この問題に対して，幡野らは制御バルブに電磁比例制御弁を用い，温度・圧力センサからの信号をもとにマイクロコンピュータで速度をファジィ制御することにより，乗り心地がよく，運転効率のよい油圧エレベーターを実現した[6]．

三菱自動車のINVECS[7]は，ファジィ制御を自動変速機のみならずトランクションコントロールやサスペンション制御などのシャーシ制御の目標値生成に適用している．パワーステアリングの油圧などを測定し，そこから得られる情報をファジィ推論することにより路面のスリップ具合を求める．路面の状態から上記システムの制御目標値を変更することにより，どのような場面においても適した制御性能を実現できるとしている．また，藤橋ら[8]は軽自動車への適用を前提として，センシング信号としてひずみゲージにより各輪のホイルストロークのみを検出して，ダンパの減衰力を制御する，低コストなセミアクティブサスペンションをファジィ制御を用いて検討している．

さらに基礎研究においては，ワン(Wang)ら[9]は，学習機能を備えた調整器を電気・油圧サーボ系に適用し，コントローラの入・出力ゲインの調整を試みている．学習によって調整された実験結果によれば，PID制御に比べて応答性能が改善されている．また，武藤ら[10]はファジィコントローラにおける偏差ゲイン，偏差の微分ゲイン，制御入力ゲインを最適調整するための自己調整器を設計し，電気・油圧サーボ系への適用を試みた．楊ら[11]は，ポンプ制御式油圧駆動システムにおいて，学習型ファジィ制御を用い各制御規則の後件部定数を学習させることにより過渡振動を制御した．

3.4 ファジィ制御の油圧システムへの適用事例

　現代制御理論は急速な勢いで発展してきたが，現実のシステムに適用する場合，非線形性が強い制御対象に対しては良好な制御システムを設計することは非常に困難である．しかし，ファジィ制御は，このような現実のシステムの曖昧性を数学モデルを必要とせず，操作経験や制御対象の特性に関する知識を用いて，制御戦略を構成できるという長所がある[12~22]．

　そこで，本節ではファジィ制御の油圧システムへの適用事例について述べる．適用事例の制御対象のポンプ制御式油圧駆動システムは，作動油の圧縮性やパッキン摩擦の急変などの非線形性によって油圧シリンダ内のプランジャに図 3.1 に示すように起動から停止まで過渡振動を伴っている．このように，本制御対象は非線形要素を含み，動特性が複雑なため，制御系の設計は容易ではなかった．従来の制御方式[11,23~26]を適用した結果では，過渡振動に対する制御効果は必ずしも十分満足できる結果とはいい難かった．

　そこで本節では，ポンプ制御式油圧駆動システムにおいて，系の安定性およびより優れた振動制御結果を得ることを目的として，学習型ファジィ制御[8~10]を用い，各制御規則の後件部定数を学習させることによる過渡振動の制御効果について数値シミュレーションにより検討を行なった結果をファジィ制御の油圧システムへの応用事例として述べる．

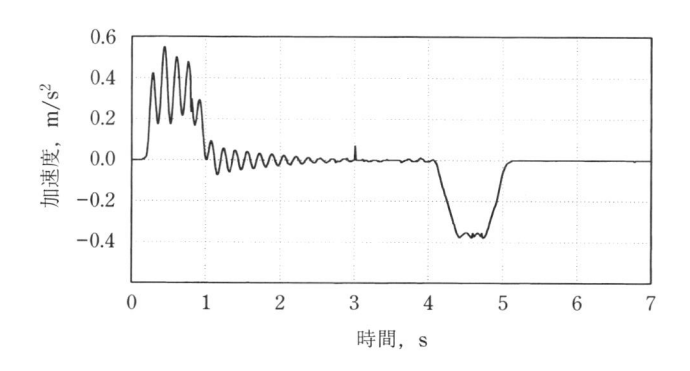

図 3.1　シーケンシャル制御の場合の実験結果

3.4.1 油圧システムの構成

本制御対象の油圧システムの構成を図 3.2 に示す．可変容量型油圧ポンプは，斜板式アキシャルプランジャポンプを用い，インダクションモータで定速駆動する．油圧シリンダの速度制御は，制御用コンピュータからの指令により DC サーボモータを駆動し，これによって，ポンプの斜板傾斜角を変化させ，所期の吐出流量を得ることによって行なう．非常時におけるプランジャの落下防止用の安全装置として，主管路にパイロット操作逆止め弁を設置してある．運転時における逆止め弁内の流れは，上昇時に自由流，下降時にパイロット操作による制御流となる．

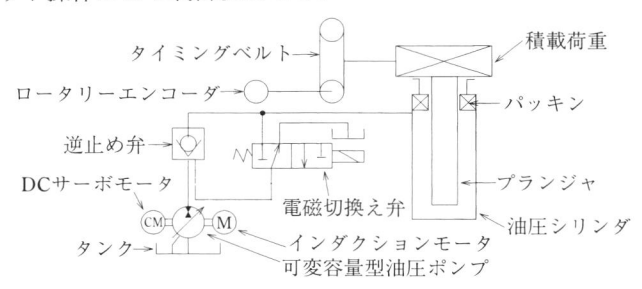

図 3.2 油圧システム

3.4.2 ファジィコントローラの設計

油圧システムに発生する過渡振動は，図 3.1 に示したようにプランジャの加速度波形に顕著に現われる．この振動を抑制するため，ファジィコントローラ (以下 FC と省略する) を設計する．図 3.3 にこの制御系の構成をブロッ

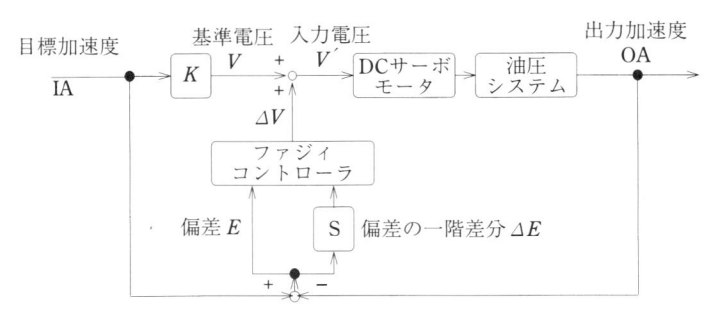

図 3.3 ファジィ制御のブロック線図

ク線図で示す．FC への入力値(ファジィ制御規則の前件部定数)は，制御量であるプランジャの加速度に関連させ，加速度偏差 E (＝目標加速度 IA‐出力加速度 OA)とその一階差分 ΔE (＝現在の E ‐前サンプリングの E)とする．また，FC からの出力を補償電圧 ΔV とし，操作量である DC サーボモータへの基準電圧 V として，その結果として V' を DC サーボモータに入力する．図中の S は微分器，K はゲイン定数である．

3.4.3 前件部と後件部定数

本節では，メンバーシップ関数と制御規則表を決定する方法について述べる．また，実験するときの調整の簡単化のため，以下で述べる規格化定数方法を導入した．後件部には，学習する制御規則表を図 3.4(a) のように設定する．学習対象としている各制御規則の後件部定数 ω_k は，電圧のパルス値(pulse)とし，それらの初期値をゼロとして学習させる．また，図 3.4(b) に示すように，前件部変数には $E, \Delta E$ を用い，三角型メンバーシップ関数によって五つの領域にファジィ分割する．メンバーシップ関数の台集合は次式で規格化する．

$$\left. \begin{array}{ll} e = K_a E + 60 & (20 \leq e \leq 100) \\ \Delta e = K_b \Delta E + 60 & (20 \leq \Delta e \leq 100) \end{array} \right\} \quad (3.10)$$

ここで，$e, \Delta e$ は加速度偏差 E と，その一階差分 ΔE を規格化した値であり，K_a, K_b はそれぞれの規格化定数である．これらの規格化定数は，FC を調整する際，重要なパラメータとなる．

Δ \ e	NB	NS	ZO	PS	PB
NB	ω_1	ω_2	ω_3	ω_4	ω_5
NS	ω_6	ω_7	ω_8	ω_9	ω_{10}
ZO	ω_{11}	ω_{12}	ω_{13}	ω_{14}	ω_{15}
PS	ω_{16}	ω_{17}	ω_{18}	ω_{19}	ω_{20}
PB	ω_{21}	ω_{22}	ω_{23}	ω_{24}	ω_{25}

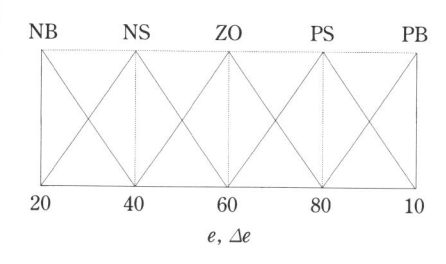

（a）制御規則表　　　　（b）メンバーシップ関数

図 3.4　制御規則表とメンバーシップ関数

3.4.4 数値シミュレーション条件

ここで，数値シミュレーションに用いた条件の要目を以下に示す．
（1）シリンダ内圧力：1.5 MPa
（2）油温：40℃
（3）プランジャの目標加速度：図3.5(a)に示す台形波
  ・加速，減速時間：1 s
  ・定速走行速度：0.26 m/s
（4）DCサーボモータの入力基準電圧：図3.5(b)に示す台形波
（5）サンプリング時間：10 ms

3.4.5 学習アルゴリズム

今，学習データが与えられたとして，次のような出力誤差を定義する．

$$E_p = \frac{1}{2} E^2 \tag{3.11}$$

この出力誤差 E_p を減少させるには，結合荷重 ω_k の更新量 $\Delta\omega_k$ を

$$\Delta\omega_k = -\eta \frac{\partial E_p}{\partial \omega_k} \tag{3.12}$$

となるようにすればよい．ここで，η は学習係数である．これを油圧システ

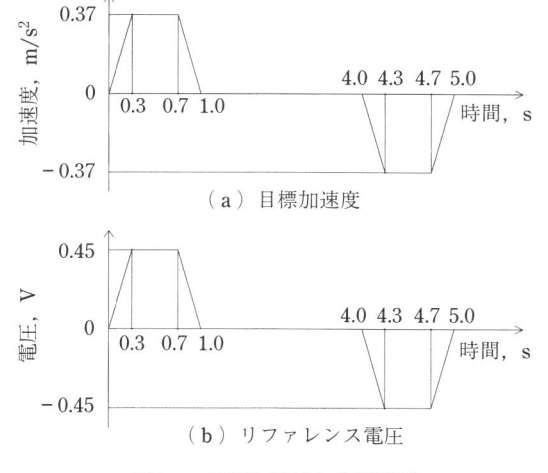

図3.5 目標加速度と参照電圧

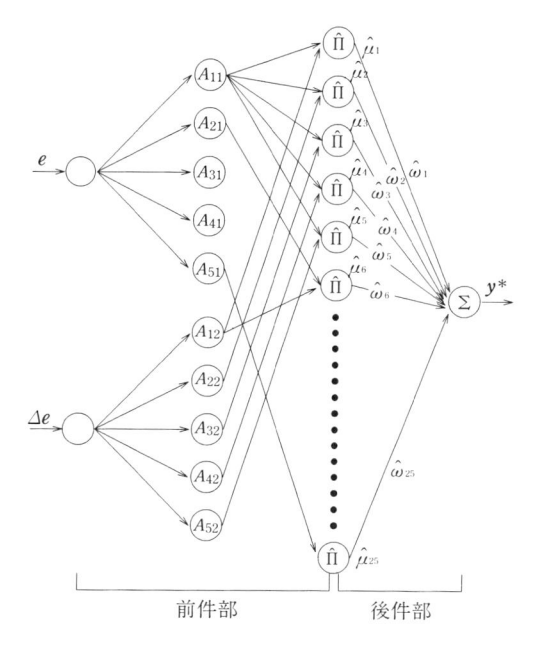

3.4 ファジィ制御の油圧システムへの適用事例   59

図3.6 学習型ファジィ制御則の構造

ムに適用すると，次式が得られる．

$$\Delta \omega_k = \eta E \frac{1}{K} \mu_k \tag{3.13}$$

ここで，K はゲイン定数である．したがって，各制御規則の後件部定数は，偏差と各制御規則の適合度をもとに修正される．また，制御効果を上げるために ΔE の変動を考慮した制御規則が形成される．この観点から，学習則を次式のように改める．

$$\Delta \omega_k = \eta (E + \Delta E) \frac{1}{K} \mu_k \tag{3.14}$$

また，油圧システムにおける FC の出力である補償電圧（図3.6における出力 y^*）は，

$$\Delta V = \frac{\sum_{k=1}^{9} \mu_k \omega_k}{\sum_{k=1}^{9} \mu_k} \tag{3.15}$$

と表わせる．ただし，ここでは各規則の適合度である．学習のフローチャートは図3.7に示すとおりである．なお，図中の $A_{i1}(e), A_{i2}(\Delta e)$ は後述のファジィ変数である．

3.4.6 従来のファジィ制御方法によるシミュレーション

制御規則の数は，前件部の2変数をそれぞれ5分割しているので，最大25個を利用できるが，実際は図3.8(a)に示す9個のルールでも制御できる．その理由としては，

（1）一つの規則のカバーする領域が広い，

（2）実際には，あり得ない領域(例えば，e is PB and Δe is PB など)の規則は必要がない，

（3）速度型の構造を採用している，

からである．

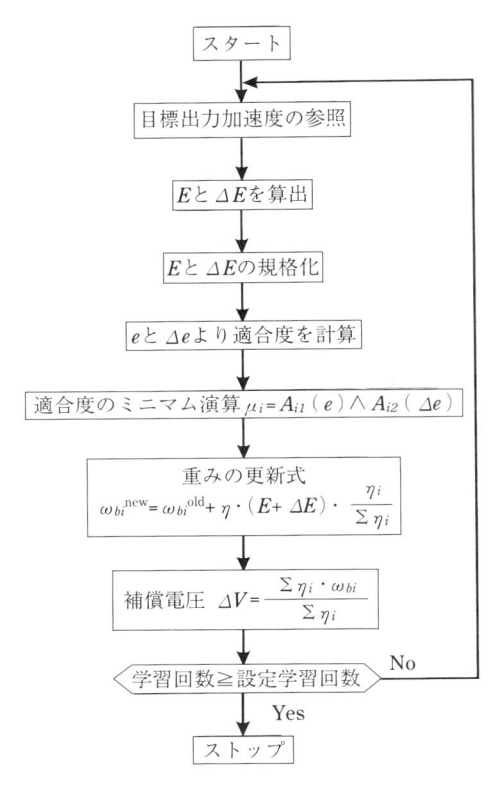

図3.7 学習アルゴリズムのフローチャート

そのため，従来のファジィ制御ではこのような制御規則表を一般的に使ってきた．これを本制御対象の油圧システムに適用した場合のシミュレーション結果を図3.9に示す．この場合の各パラメータと条件を表3.1に示す．

繰り返し学習するにつれて，偏差の2乗和は振動的に変化し，最後は発散してしまうことがわかる．また，出力結果より起動時に大きな過渡振動が発生し，望ましい制御結果とはいえない．

e \ Δe	NB	NS	ZO	PS	PB
PB			PB		
PS			PS		
ZO	NB	NS	ZO	PS	PB
NS			NS		
NB			NB		

（a）従来のルールテーブル

e \ Δe	NB	NS	ZO	PS	PB
PB			PB		
PS			PS		
ZO	NB	NS	ZO	PS	P1
NS			NS	S3	S1
NB				P2	S2

（b）修正したルールテーブル

図3.8　制御規則表

3.4.7　ルールの改善に関する検討

図3.8(a)に示したような制御規則を適用した結果より，制御規則表では空白の領域があるために，操作量が頭打ちとなり，応答の立ち上がりが悪くなるものと考えられる．そこで，応答の立ち上がりを改善するために，図3.8(a)に次の規則を追加することによって制御効果が改善できるものと考えられる〔図3.8(b)を参照〕

(a) P1の少し上側近傍S1での立ち上がりを早くする．
(b) P2の少し手前S2で操作量を減少させる．
(c) 整定を早めるS3．

目標値の上側に対しては，これらと対象な規則を適当に追加することによ

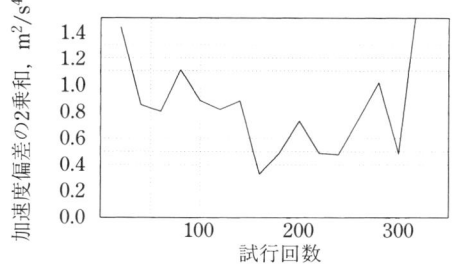

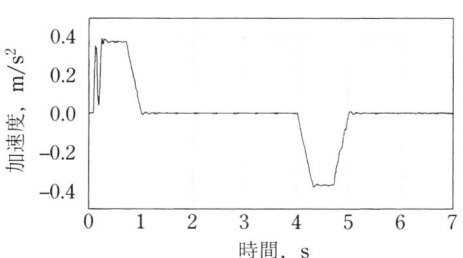

図3.9　三角型メンバーシップ関数を用いた制御結果

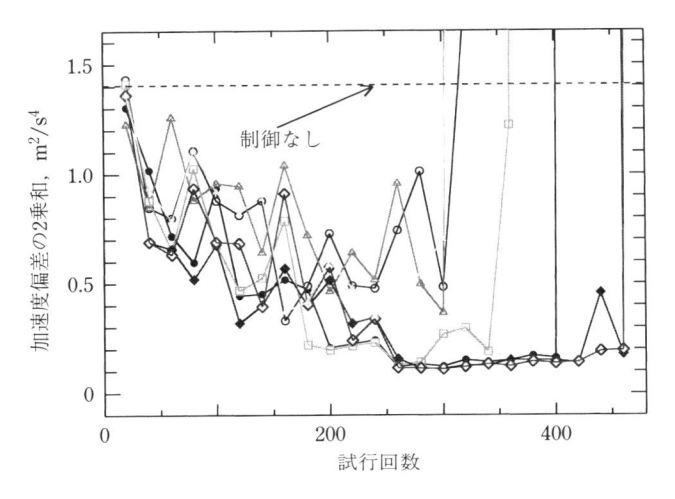

図 3.10 各制御結果における加速度偏差の 2 乗和

表 3.1 シミュレーションに用いたパラメータ

学習係数	$\eta = 0.5$
前件部規格化定数	$K_a = 80, K_b = 525$
制御規則表(分割)	5×5
ファジィルール数	9 個
メンバーシップ関数	三角型

って制御効果が改善されるものと期待される．以上より，次のような六つのパターンについて制御性能を検討する．

① 条件(a)のみを追加する制御規則表を用いた場合(結果を図 3.10 の △ で示す)
② 条件(a),(c)を追加する制御規則表を用いた場合(結果を図 3.10 の □ に示す)
③ 条件(a),(b),(c)を追加する制御規則表を用いた場合(結果を図 3.10 の ● で示す)
④ 条件(c)のみを追加する制御規則表を用いた場合(結果を図 3.10 の ◆ で示す．詳細は図 3.11)
⑤ 条件(b),(c)を追加する制御規則表を用いた場合(結果を図 3.10 の ◇ で示す)
⑥ 条件(b)のみを追加する制御規則表を用いた場合(結果を図 3.10 の ▲ で示す)

3.4 ファジィ制御の油圧システムへの適用事例

さらに近年，計算の容易さからメンバーシップ関数には三角型関数がよく用いられている．しかし，非線形要素を含む複雑な特性を持つ油圧システムでは，三角型関数を用いたのでは実現されるファジィモデルは滑らかさに欠ける．そこで，ファジィ変数を求めるメンバーシップ関数に図 3.12 に示す無限回微分可能なガウシアン関数を用いて，シミュレーションを行なった．

$$A_{ij}(x_j) = 100 \exp\left[-\frac{(x_j - w_c)^2}{100}\right] \quad (3.16)$$

ここで，x_j は入力，w_c はガウシアン関数の中心位置であり，それぞれ，20, 40, 60, 80, 100 とする．また，シミュレーション条件として，学習係数 $\eta = 0.5$，位相補償のための制御規則表の回転角度は 90° である．

ルール改善の制御効果の違いが一目でわかるように，各制御結果の偏差の 2 乗和を図 3.10 にまとめた．このグラフから明らかなように，制御規則は制御性能に大きく影響することがわかる．本油圧システムの振動制御において，パターン③, ④, ⑤の場合は加速度の 2 乗誤差は著しく減少する．制御ルールの作成・選定は制御効果を大きく左右し，条件 (c) がシステムの安定

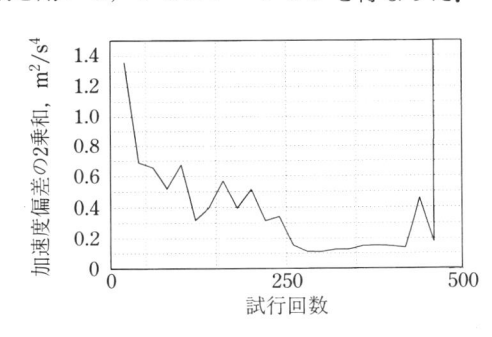

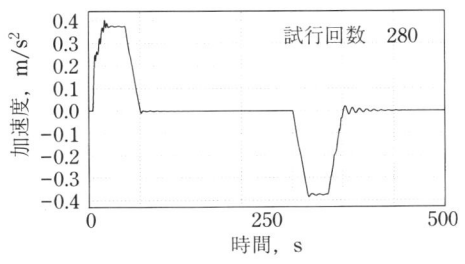

図 3.11 条件(c)のみを追加する制御規則表を用いた場合の制御結果

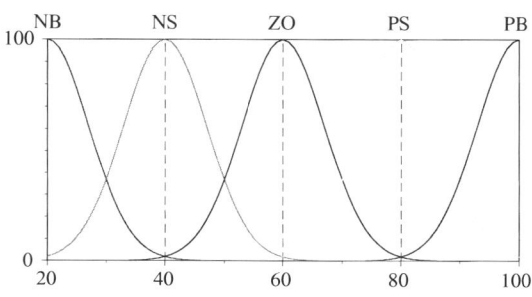

図 3.12 ガウシアン型メンバーシップ関数

性に与える影響は大であることがわかる．

また，メンバーシップ関数にガウシアン関数を用いた場合の良好な結果が得られた制御規則表を用いて，同じ条件下で三角型関数を用いたシミュレーションを行なった．一例として，条件(c)を追加した制御規則表を用いた制御結果を図3.13に示す．

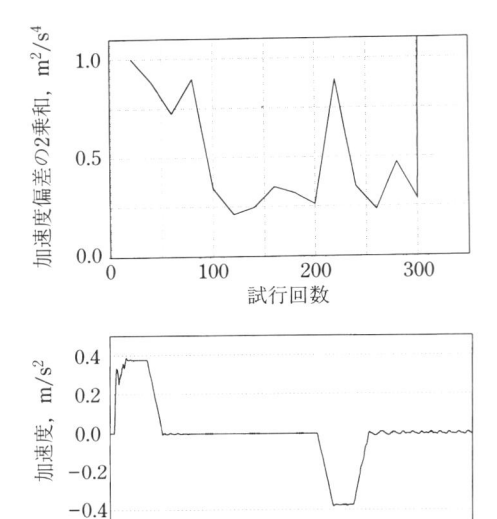

図3.13 三角型メンバーシップ関数および条件(c)を追加した制御規則表を用いた場合の制御結果

以上に示す結果からわかるように，従来の制御規則表を使った制御法と比べると，多少制御効果が上がったものの，図3.14に示すように，メンバーシップ関数にガウシアン関数を用いた制御結果と比較すると，かなり制御性能が低いといえる．要するに，

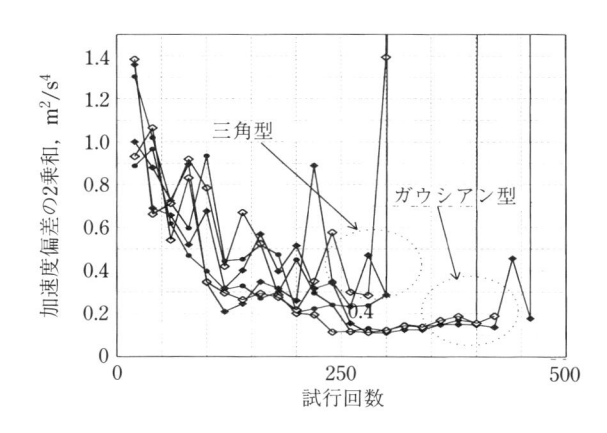

図3.14 メンバーシップ関数における学習と制御性能の違い

3.4 ファジィ制御の油圧システムへの適用事例　65

非線形系要素を含む油圧システムでは，メンバーシップ関数に無限回微分可能な非減少関数のガウシアン関数を用いた方が制御性能が上がることがわかる．

3.4.8 分割数と制御性能についての検討

分割数を増やすことによって制御規則表の制御ルールを増やせば，よりきめ細かな制御が実現できるため，制御性能が改善できるものと考えられる．そこで，制御規則表は5×5型において制御性能を上げたパターン〔図3.15(a)〕を参考にして，規則表の分割数を7×7型に増やした場合〔図3.15(b)〕についてシミュレーションを行なった．この整定を早める効果をもたらすルールを追加した規則表を用いたシミュレーション結果を図3.16に示す．このときの各パラメータと条件を表3.2に示す．

e \ Δe	NB	NS	ZO	PS	PB
PB			PB		
PS		ZO	PS		
ZO	NB	NS	ZO	PS	PB
NS			NS	ZO	
NB			NB		

(a) 5×5規則

e \ Δe	NB	NM	NS	ZO	PS	PM	PB
PB				PB			
PM				PM			
PS			ZO	PS			
ZO	NB	NM	NS	ZO	PS	PM	PB
NS				NS	ZO		
NM				NM			
NB				NB			

(b) 7×7規則

図3.15　制御規則表

図3.11と図3.16を比較すると，ルールの増加は制御性能を上げるというよりもむしろ低下させてしまっている．要するに，本油圧システムにおいては制御ルールの数の増加は制御性能の向上に結びつかない．

表3.2　シミュレーションに用いたパラメータ

学習係数	$\eta = 0.5$
前件部規格化定数	$K_a = 60, K_b = 394$
制御規則表(分割)	7×7
メンバーシップ関数	ガウシアン

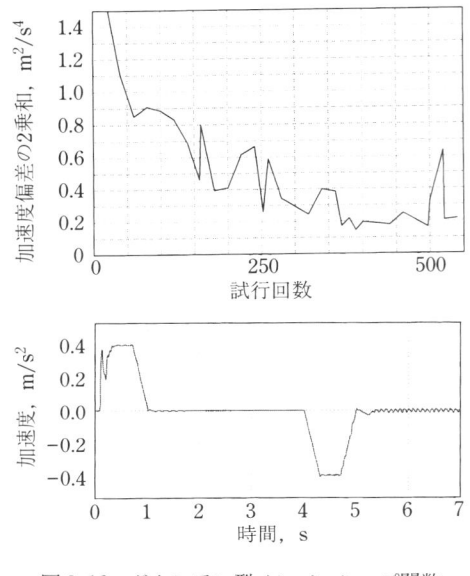

図 3.16 ガウシアン型メンバーシップ関数を用いた制御結果

以上をまとめると,非線形系要素を含むポンプ制御式の油圧システムにおいて,制御性能の改善のために,メンバーシップ関数として三角型関数の代わりに無限回微分可能なガウシアン関数を用いた場合,良好な制御効果が得られる.また,5×5型の制御規則表において9個のルール以外に特定な効果をもたらす制御ルールを付け加えると,制御性能を著しく改善できる.制御規則表における分割数については,分割数を5×5から7×7まで,制御ルール数を増やしても油圧システムの制御性能には余り影響しない.

3.5 学習型ファジィ制御における位相補償性

ファジィ制御は,制御対象の厳密な数学モデルを必要とせず,複雑な系あるいは非線形系にも適用可能であるという長所がある.しかし,制御性能がファジィルールに依存し,その調整が難しいため,どのようにルールを効率よく獲得するかが問題となっている.そのため,ファジィルールの調整方法として非線形最適化問題,ニューラルネットワーク,GAなどを用いた研究が行なわれている.また,油圧システムなどのようなむだ時間要素を含む系などは,制御入力に位相遅れを生じるため,適切なルール獲得が難しく,制御性能の劣化を招く可能性があり,そのことを考慮してルールを設計する必要がある.

そこで,本節では,最急降下法を用いた学習型ファジィ制御において,正弦波を用いた簡単な数値シミュレーションによって,制御規則表の回転によ

る位相進み補償の関係とそのような場合の可位相補償範囲についての結果について述べる.

3.5.1 数値シミュレーション条件

数値シミュレーションに用いた学習型ファジィ制御システムのブロック線図を図3.17に,その時間応答の概略を図3.18に示す.振幅と周期がともに1の正弦波を入力し,出力 y を0(目標値)とするように学習型ファジィ制御を行なうシステムである.その制御システムは,入力と目標値の偏差 E とその1回差分 ΔE を求めてLearning Fuzzy Controller(以下LFCと

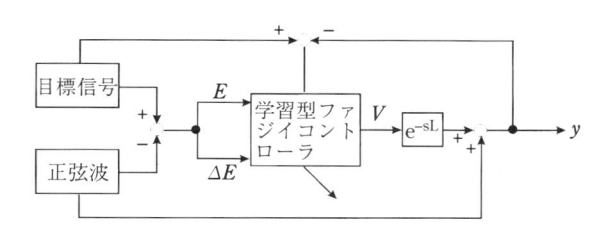

図 3.17 学習型ファジィ制御システムのブロック線図

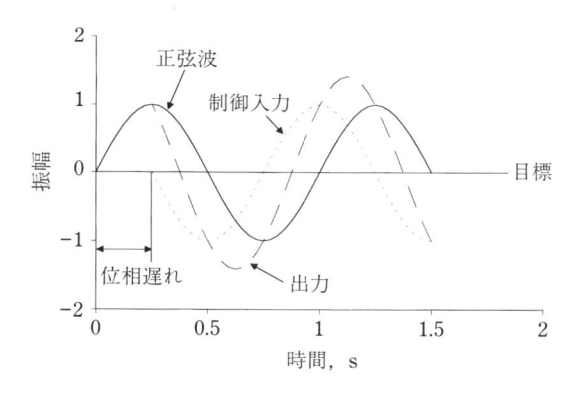

図 3.18 システムの時間応答

する)に入力し,LFCからの制御入力 V と正弦波との和を出力 y として,これが目標値に近づくよう簡略型ファジィ制御の後件部重みの学習を行なうシステムである.ここで,入力空間のファジィ分割を3として,偏差とその1回差分を式(3.17)のように規格化する.

$$e = 20E, \quad \Delta e = 102.5 \Delta E \tag{3.17}$$

メンバーシップ関数には,図3.19に示す三角型とガウシアン型の二つを用いた.ガウシアン型の関数を式(3.18)に示す.

$$g_i(x) = \exp\left(-\frac{(x-c)^2}{145}\right) \quad \begin{pmatrix} c = -20, 0, 20 \\ i = N, Z, P \end{pmatrix} \tag{3.18}$$

また,後件部重みには図3.20(a)に示すものと,これを反時計回りに回転

	N	Z	P
P	ω_1	ω_2	ω_3
Z	ω_4	ω_5	ω_6
N	ω_7	ω_8	ω_9

(a) 三角型 　　　　　(b) ガウシアン型

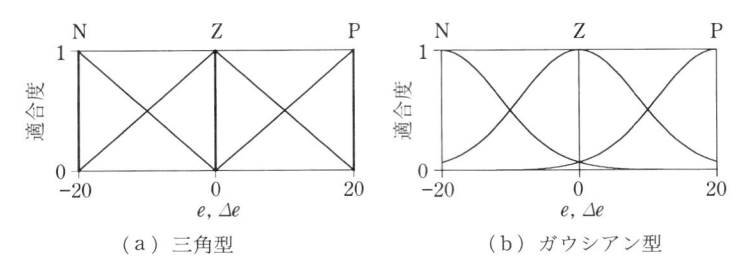

図 3.19　メンバーシップ関数

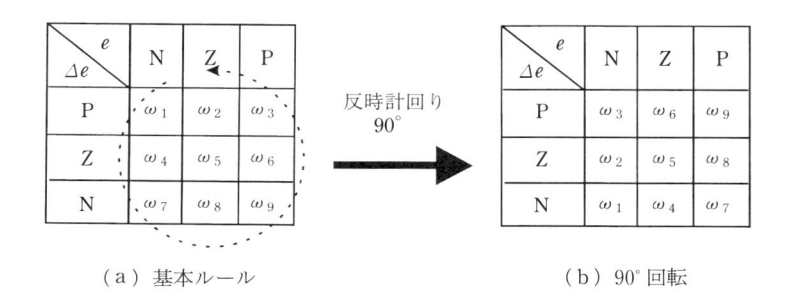

(a) 基本ルール　　　反時計回り 90°　　　(b) 90°回転

図 3.20　ファジィ規則表

させたものを用いた．このとき，図 3.20(a) を制御規則回転角 $\theta = 0°$，重みの位置が一つずれた場合を $\theta = 45°$ として，図 3.20(b) は二つずれているので $\theta = 90°$ と表現することにする．そして，後件部重みの学習方法は最急降下法を用いた．このときの評価関数 E_p は，目標値が 0 であるため，偏差の 2 乗は $E_p = y^2/2$ となる．

X_{i11}, X_{i22} を偏差とその増分のファジィ変数，$\wedge$ をミニマム演算とすると，成立度 μ_i は

$$\mu_i = X_{i11}(e) \wedge X_{i22}(\Delta e) \quad (i_i, i_2 = 1 \sim 3) \tag{3.19}$$

となり，LFC からの制御入力は

$$V = \Sigma\, \hat{\mu}_i\, \omega_i, \quad \hat{\mu}_i = \frac{\mu_i}{\Sigma\, \mu_i} \quad (i = 1 \sim 9) \tag{3.20}$$

と表わされるので，更新式は

$$\Delta\omega_i = -\eta\frac{\partial E_p}{\partial \omega_i} = -\eta\frac{\partial E_p}{\partial V}\frac{\partial V}{\partial \omega_i} = -\eta y\,\hat{\mu}_i \tag{3.21}$$

となる．学習条件は，学習係数を $\eta=0.2$，サンプリングを $0.03125\,\mathrm{s}$，最大学習周期を 50 000 周期とした．

以上のシステムおよび条件を用いて，図 3.17 に示したように LFC の出力にむだ時間要素を付加することで，図 3.18 のように位相遅れを $11.25°$ 間隔で作り，正弦波 1 周期分における誤差の 2 乗和を用いて，その大きさより可位相補償範囲について検討した．

3.5.2 数値シミュレーション結果

制御規則回転角を $\theta=0°, 90°, 180°$ として，メンバーシップ関数に三角型を用いた場合を図 3.21，またガウシアン型を用いた場合のシミュレーション結果を図 3.22 に示す．この結果より，制御規則回転角から $\pm 22.5°$ の範囲内においては，誤差の 2 乗和はほとんど 0 を示しているが，その範囲を越えると急激な増加が見られる．同様に，制御規則表を $\theta=45°, 135°, 225°$ と回転させたときのシミュレーション結果を三角型を用いた場合を図 3.23，またガウシアン型を用いた場合を図 3.24 に示す．制御規則回転角 θ に対して，$\pm 22.5°$ の範囲においては，誤差の 2 乗和は小さく，$+22.5 \sim +45°$ の

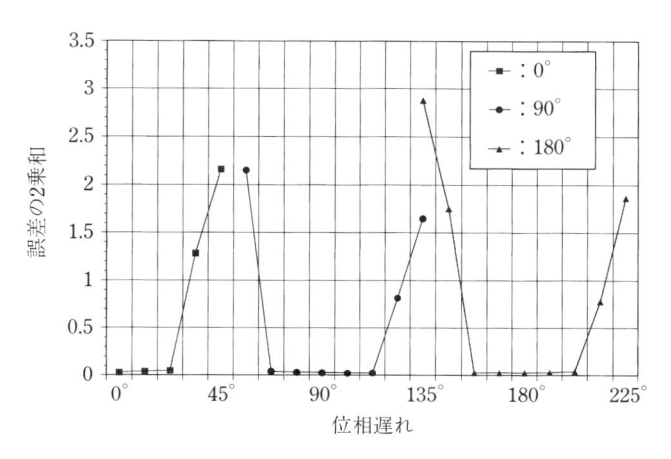

図 3.21　三角型メンバーシップ関数の場合の誤差の 2 乗和
 　　　　　（$\theta = 0°, 90°, 180°$）

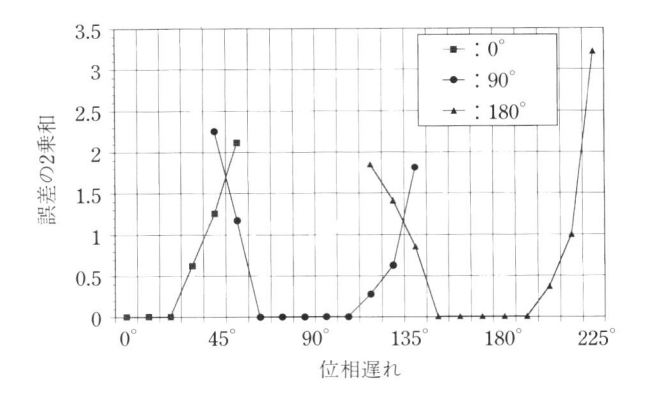

図 3.22 ガウシアン型メンバーシップ関数を用いた場合の誤差の 2 乗和 ($\theta = 0°, 90°, 180°$)

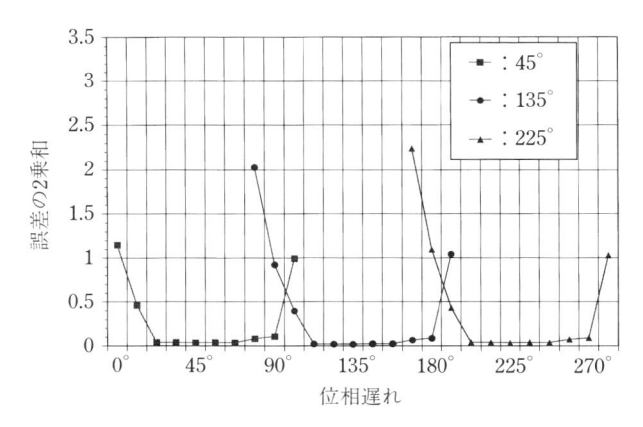

図 3.23 三角型メンバーシップ関数を用いた場合の誤差の 2 乗和 ($\theta = 45°, 135°, 225°$)

範囲では若干の増加がみられるものの良好な結果を示しているが,この範囲外では誤差は急増することがわかる.以上の数値シミュレーションの結果から,制御規則表を反時計回りに回転させることで,その回転角度分だけファジィ推論の位相進み補償が実現でき,学習による位相補償範囲が ±22.5° であることがわかる.また,図 3.21〜図 3.24 より三角型とガウシアン型を比較すると,誤差の 2 乗和 3.5(縦軸の MAX)以内にガウシアン型の方が広い

3.5 学習型ファジィ制御における位相補償性　71

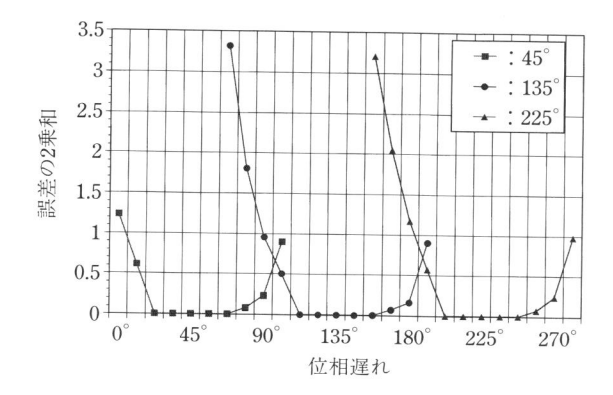

図 3.24　ガウシアン型メンバーシップ関数を用いた場合の誤差の 2 乗和 ($\theta = 45°, 135°, 225°$)

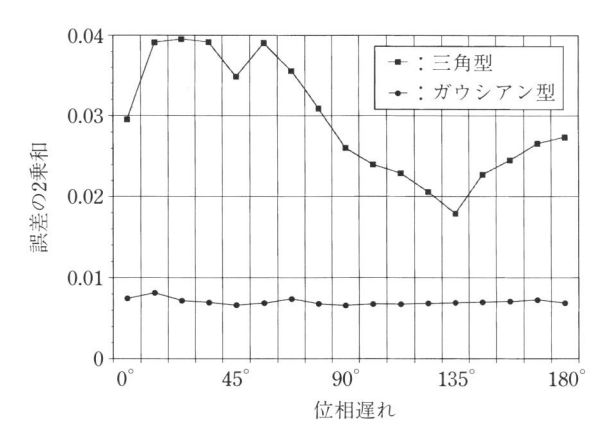

図 3.25　三角型とガウシアン型メンバーシップ関数との比較

範囲で収まっており，位相補償性能が高いことがわかる．

次に，位相遅れ 0°〜180° の範囲で，三角型とガウシアン型のそれぞれのメンバーシップ関数を用いた場合の誤差の 2 乗和を図 3.25 に示す．この際，制御規則回転角は各位相遅れで最も良好な結果が得られたものを使用している．これより，三角型と比較してガウシアン型メンバーシップ関数を用いた場合の方が，誤差の 2 乗和が常に小さいことから，ガウシアン型メンバーシップ関数を用いた方が制御性能の向上が図れることがわかる．

本節では，ファジィ制御の位相進み補償性に対する検討のために，正弦波を用いた数値シミュレーションについて述べた．まとめると，制御規則表を反時計回りに回転させることで，その回転角と等しい位相進み補償を得ることが可能である．また，最急降下法により後件部重みを学習させた場合，学習型ファジィ制御の可位相補償範囲が $\pm 22.5°$ であり，制御規則回転角によってはもう少し広い範囲まで補償できる．また，メンバーシップ関数には三角型を用いるよりもガウシアン型を用いた方がより位相補償性能および制御性能が向上する．

参 考 文 献

1) L. A. Zadeh："Fuzzy Sets", Information and Control, **8** (1965) pp. 338-353.
2) E. H. Mamdani："Application of Fuzzy Algorithms for Control of Simple Dynamic Plant", Proc. IEE, **121**, 12 (1974) pp. 1585-1588.
3) L. P. Holmblad & J. J. Ostergaard：Control of a Cement Kiln by Fuzzy Logic, in Fuzzy Information and Decision Processes, (M. M. Gupta & E. Sanchez, Ed), North-Holland (1982).
4) 安信・宮本：「Fuzzy 制御の列車自動運転システムへの応用」，電気学会誌，**104**, 10 (1984) pp. 867-874.
5) 柳下・伊藤・菅野：「ファジィ理論の浄水場薬品注入制御への応用」，システムと制御，**28**, 10 (1984) pp. 597-604.
6) 播野・宮迫：「ファジィ制御応用油圧エレベータ」，油圧と空気圧，**23**, 1 (1992-1) pp. 63-71.
7) 山田・早船・吉田：「新制御技術の動向」，自動車技術，**47**, 8 (1993) pp. 48-54.
8) 藤橋克典：「ファジィ制御の油圧ショックアブソーバへの応用」，油圧と空気圧，**26**, 7 (1995-11) pp. 44-49.
9) Q. Wang, A. Luo & Y. Lu：Intelligent Control for Electrohydraulic Proportional cylinder, Fluid Power, Edited by T. Maeda (1993) pp. 309-313.
10) 武部高義・于　平・武田善晴・山田宏尚：「電気・油圧サーボ系の自己調整ファジィ制御」，油圧と空気圧，**27**, 4 (1996-7) pp. 128-135.
11) B. T. Yeo, T. Hiramatsu, M. Sasaki & F. Fujisawa："Learning and TuningFuzzy Logic Controller for Vibration Control of a Hyddraulic System", 3 rd International Conference on Motion and Vibration Control, Chiba, **2** (1996-9) pp. 110-115.
12) 菅野：ファジィ制御，日刊工業新聞社 (1988)．
13) 日本ファジィ学会編：講座 ファジィ5―ファジィ制御―，日刊工業新聞社 (1993)．
14) 村上：ファジィ制御の方法論，日本機械学会九州支部講習会教材 (1993-1)．
15) 田中：アドバンストファジィ制御，共立出版 (1994)．
16) 安信・宮本・井原：「Fuzzy 制御による列車定位置停止制御」，計測自動制御学会論文集，**23**, 9 (1987) p. 969.

17) 後藤:「ファジィ制御によるアクティブ型制振」,東北大学建築学報,**32** (1993) p. 145.
18) 一橋:講習会テキスト ニューロ・ファジィの基礎と製品への応用技術,総合技術センター (1992).
19) 日本ファジィ学会編:講座 ファジィ 12—ファジィ・ニューラルシステム,日刊工業新聞社 (1995).
20) Jyh-Shing R. Jang: "Self-Learning Fuzzy Controllers Based on Temporal Back Propagation", IEEE Trans. on Neural Networks, **3**, 5 (1992-9) p. 714.
21) 田中一男・佐野 学:「一次遅れ+むだ時間系におけるファジィコントローラのパラメータ調整公式」,日本ファジィ学会誌,**3**, 3 (1991) pp. 583-591.
22) 田中一男・佐野 学・竹間丈浩:「ファジィ制御系における位相進み補償の実現」,日本ファジィ学会誌,**4**, 3 (1992) pp. 163-170.
23) 藤本・藤澤・高橋:機構論, No. 900-59, Vol. D (1990-9) p. 344.
24) 藤澤・大澤・藤本:機構論, No. 920-55, Vol. A (1992-7) p. 33.
25) 大澤・藤澤・平松:機構論, No. 930-42, Vol. B (1993-7) p. 592.
26) 平松・塚原・須田・藤澤・佐々木・中村:機構論, No. 940-26, Vol. B (1994-7) p. 17.

第4章 ロバスト制御

4.1 制御とは，ロバストとは

　本章では，読者がPI制御などの自動制御の初歩については多少なりとも知識を持っていることを前提として，油圧マニピュレータを例にとり，解説を進める．まったくの初心者の場合には，まずほかの自動制御に関する入門書を参考にされたい．

　「制御」の用語の定義として，「システムの挙動に関して定義される評価が所定の条件を満たすように，入力によってシステムの状態へ支配を加えること」がある．

　この制御の意味は，人間が行なう行為なども含まれる．人の手を借りずに機械により自動的にシステムの制御を行なう場合を「自動制御」と呼ぶ．基本的にフィードバック制御(閉ループ制御ともいう)が用いられる．特に，システムのある状態量(温度など)を一定に保ちたいという制御をレギュレータと呼ぶ．これに対して，位置(あるいは速度，力，圧力)を目標値に対して追従させたいという制御をサーボと呼ぶ．油圧制御においては，サーボ機構がよく用いられる．ここで，対象としているフィードバック制御システムに関係する目標値(reference)，制御対象(plant)，制御器(controller)，出力(output)，外乱(disturbance)，偏差(error)などの用語を図4.1のブロック線図上に示す．

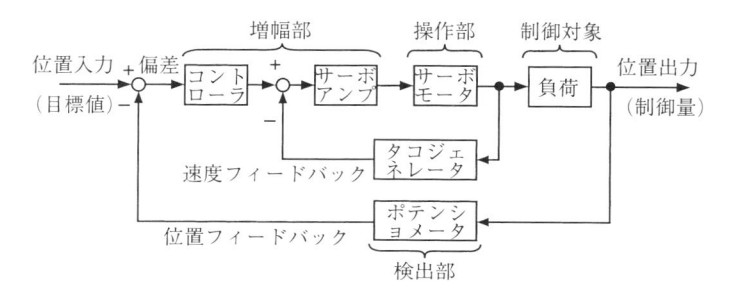

図4.1　フィードバック制御システムのブロック線図

油圧システムなどに何らかの制御を施したいと考えたとき，問題になるのは，そのシステムの外界(環境)との相互作用の有無，システムの動特性とそのパラメータの変動の有無であり，それらによる影響がないようにできるかが問題となる．機械の位置，速度を制御するサーボシステムに話を限れば，望ましい制御とは何かを考えたとき，理想的には，外界の影響を受けずに，指令値に即追従することである．

　フィードバック制御を少しでも学んだことがある人ならばわかると思うが，フィードバック制御の利点の一つは，フィードバックすることにより，ループゲインが大きいほど前向き要素のパラメータの変動の影響が低減されることにある．また，出力側に加わる外乱の影響も同様に低減される．これはある意味でパラメータ変動や外乱に影響を受けにくい，すなわちロバストであるということである．

　フィードバック制御においては，ループゲインを大きくとることができれば理想的な制御がたやすく実現できる．しかし，現実にはそう簡単にはいかない．システムのループゲインを上げていくとシステムが発振してしまう．これは，まず制御で広く対象とするシステムはすべて動的システム(dynamic system)であるということである．動的システムであるということは，システムに遅れ(delay)を持つ要素があるということである．システムの遅れが線形の二次系までであれば，ループゲインを上げても発振はしない．しかし，現実の装置では線形システムなどは存在しないし，またどのような物理系であっても，低周波数領域などで集中定数系(lumped parameter system)に近似できる場合はあるが，本質的には，分布定数系(distributed parameter system)であり，高次の遅れ要素を持っている．そのため，サーボ機構などを構成する場合にしばしば経験するわけであるが，システムのループゲインを大きくしていくと，ある周波数で閉ループを一巡すると位相が360°ずれている状態でゲインが1を超えて，その周波数で発振することになる．

　この発振現象を生じた場合にはシステムが不安定であるという．この発振現象は，一般にシステムは非線形なシステムであることが普通であるため，飽和などの理由で振幅がある値以上にはならないリミットサイクル的な振動

がよく見られる．制御理論は線形理論しか十分に議論できていないが，現実にはその理論を動作点周辺で線形近似して適用していることになる．

問題は，仮にシステムが線形とみなせるとしても，望ましい制御特性を得るためにシステムのループゲインを大きくとりたい場合が多いが，大きくすると不安定になってしまうことである．従来の古典的な制御手法では，ボード線図，ナイキスト線図を用いて，周波数領域における直列補償(位相進み補償，位相遅れ補償，PID補償)，並列補償(速度帰還，加速度帰還)により最良の妥協点(トレードオフ)を見出す努力をしてきたが，満足する結果は得られないことが多い．

さらに，状態変数，状態方程式を導入した状態空間法では，状態フィードバックによる極配置という概念を用いて，線形化したシステムに対して，入力エネルギーと出力応答に対する評価関数を用いて，最適制御(optimal control)を行なうことで同じく妥協点を合理的に見出す努力をしてきた．

これらにはどうしても限界がある．それはどうしても妥協(トレードオフ)を伴うからである．次にそれを示す．

4.1.1 ロバスト制御

制御系では外乱 d から出力 y までの感度関数 S，入力 u から出力 y までの相補感度関数 T の概念は重要である．ある意味では制御系の性能評価の指標になる．

ここで話を線形系に限るが，図4.2に示すような従来の1自由度フィードバック制御系では，感度関数 S，相補感度関数 T は独立ではなく従属関係 $(S+T=1)$ にあり，目標値応答(外乱除去)特性 S をよくしようとループゲインを上げるとロバスト安定性 T が悪くなる関係にある．図4.2, 図4.3で u から y への伝達関数は相補感度関数と呼ばれ，次のように与えられる．

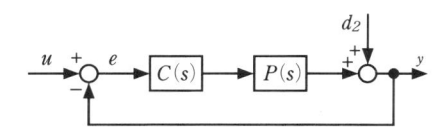

図4.2 1自由度フィードバック系(1)

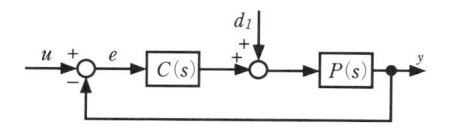

図4.3 1自由度フィードバック系(2)

$$T = \frac{y}{u} = \frac{PC}{1+PC} \quad (4.1)$$

また，u から偏差 e までの伝達関数は感度関数と呼ばれ，次のように与えられる．

$$S = \frac{e}{u} = \frac{1}{1+PC} \tag{4.2}$$

また，図 4.2, 図 4.3 で d_1, d_2 から y への伝達関数は，それぞれ次のように与えられる．

$$\frac{y}{d_1} = \frac{P}{1+PC} \tag{4.3}$$

$$\frac{y}{d_2} = \frac{1}{1+PC} \tag{4.4}$$

ここで，プラントの伝達関数を積分のみの $P=1/s$ とおいてみると，サーボシステムに欠かせない積分要素による効果は以下のようになり，外乱 d_2 に対しては直流分および低周波での外乱除去効果があるが，外乱 d_1 に対しては，外乱除去効果がないことがわかる．

$$\frac{y}{d_1} = \frac{1}{s+C}, \qquad \frac{y}{d_2} = \frac{s}{s+C} \tag{4.5}$$

感度関数は d_2 から y への伝達関数と同じ形をしている．出力軸に外乱トルクが加わったときのサーボ剛性の逆数を表わす．これに対して，d_1 から y への伝達関数はアクチュエータより前に入った外乱に対する除去効果を示す．この外乱の例としては，サーボ弁の中立位置ずれ，アンプのオフセットなどがある．感度関数を低周波で小さくするということは，低周波域の見かけのループゲインを大きくすることと解釈できる．また相補感度関数を高周波域で小さく押さえることは，共振点近傍でのゲインを下げることに近い．

ロバスト制御のロバスト性(頑健性)とは，この互いに相反する S と T で特長づけられる制御系の特性の両方を十分よくして，制御系のパラメータが変動しても，負荷が変動しても，外乱除去特性と安定性が同じように確保されることを目指すものである．これをみても，従来の1自由度フィードバック制御系で $S+T=1$ という拘束条件のもとでのシステムのループ安定性と入出力特性の両立は難しい．

いい換えると，ロバスト性とは，そのフィードバック制御系の外界(環境)

との(外乱を含む)相互作用，システムのパラメータの変動がある状況で，入・出力特性が変化しない場合，ロバスト性があるという．また，同様にそのフィードバック制御系の外界(環境)との相互作用，システムのパラメータの変動がある状況で，ループの安定性が保たれる場合，ロバスト安定性が高いという．ロバスト性とロバスト安定性の両方が同時に達成されるような制御を理想的なロバスト制御と呼びたい．

入・出力特性は感度関数と，ループ安定性は相補感度関数と関係が深い．また，入・出力特性はより低周波数域で，ループの安定性はより高周波数域で問題となる．一自由度制御系で $S+T=1$ という拘束条件のもとで周波数帯域を分けて，S と T に関してそれぞれ別々に検討するのを混合感度問題という．

4.1.2 油圧制御とロバスト制御

図 4.4 に，サーボバルブを用いた油圧サーボシステムの一例を示す．油圧サーボシステムの特徴と利用分野を考えるために，電気サーボと油圧サーボの特徴の表面的な比較を試みると，まず利点として，油圧においては，高剛性，力保持容易，小型・軽量，トルク慣性比大が挙げられ，これに対して，電気では，保守が楽，制御手法発達，速度帰還(フィードバック)が容易な点が挙げられる．

また，弱点としては，油圧では，油漏れ，油圧源が必要(この点は車載の場合には電気も同様に発電器などが必要)，バルブなどの非線形特性，圧縮性(空気混入含む)がある．電気では，重量大，直動不向き，減速器必要，力保持に不向きが挙げられる．

実際には，各アプリケーション分野におけるそれぞれの利点，弱点に対す

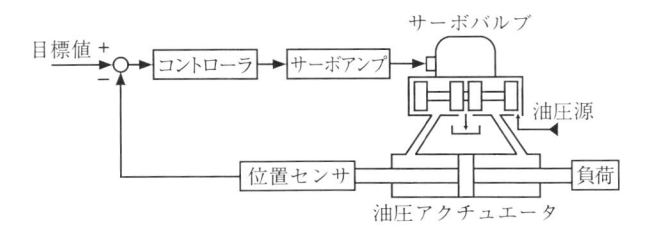

図 4.4 油圧サーボシステム

るその時点での技術力により選択されることになる．一例を挙げれば，電気は力保持動作が不利であるが，最近は，射出成型機において，その圧力保持も含めてACサーボが用いられて，省エネ化も油圧以上に図られている．これは，ACサーボ弁技術の高度化とACサーボモータの高効率化が飛躍的に進んだためである．

　油圧サーボには利点はたくさんあるが，油圧サーボの大きな弱点の一つと考えられる速度帰還（速度フィードバック）が難しく，非線形性，圧縮性などの大幅なパラメータ変化が避けられない点について，ロバスト制御（外乱オブザーバ）などによりうまくカバーでき，克服できる可能性がある．さらにいえば，油圧サーボにはこれが不可欠であり，ベーシックな技術とすべきであると考える．逆に，このロバスト制御がうまく適用されれば，高周波極によるスピルオーバへの対処や高精度化，高機能化が容易になり，油圧漏れ，メインテナンスの問題は別とすれば，油圧サーボの利点が十分に生かすことができる分野は広いのではないであろうか．

　著者が考えている，油空圧制御への先端制御の要求される枠組みは，
（1）広いパラメータ変動に，目標値特性の点と安定性の点でロバストであること，
（2）高剛性が図れること．高精度化につながること，
（3）理解しやすいこと．現場での調整が簡単か，調整不要であること，
（4）コスト（設計時間，CPU時間，コントローラの値段）が安いこと，
などである．

　サーボシステム設計に要求される制御の目的は，わかりやすく書くと，まず目標値追従性である．その名のとおり入力に出力が追値することが求められる．当然，位置に対する定常偏差もないことが要求される（場合によっては，速度偏差，加速度偏差についても）．次にサーボ剛性である．これは，出力側に力やトルクがかかったときに，本の位置に復帰する方向に働くばねこわさで，できるだけ剛いことが求められる．外乱トルクへのロバスト性である．さらに高速応答が求められる．これら以外に，システムの非線形性の影響が出ないことや負荷変動，システムのパラメータ変動に対して入・出力関係と安定性が影響を受けないことが要求される．いろいろな箇所から

システムに加わる外乱への影響が出ないことも重要である．これらは，今まではPI制御などの閉ループ制御でループゲインをできるだけ上げることである程度達成されてきた．

　開ループ制御よりも閉ループ（フィードバック）制御の方が，制御効果が劇的に高いのは当たりまえである．油空圧制御で一番簡単で効果的な閉ループ制御はPI制御である．この場合も，用いたモデルと実機の違いから設計段階で求めたパラメータでは，実機はまともに動かない場合がほとんどであるので現場での調整が必要となる．現場でつまみを回して適当にパラメータを決めれば一応動く．適当なパラメータは決められるが，この場合，最適化は難しい．ただし，現場には機械の言葉がわかる職人がいることがあるので，そういう芸術家にかかれば，機械は魔法にかかったように動くことになる．ただし，芸術家がいないところにはいつになっても中途半端の動作が残る．

　この最適化のためのパラメータ決定には，設計上のトレードオフの関係がありすぎることが原因である．昔から，制御のパラメータ決定は，従来の知っている限りの理論を駆使してさえも，簡単なサーボシステムでも，試行錯誤で，しかもトレードオフの関係にある性能がたくさんある．卑近な例では，著者が経験した回転型油圧サーボ系では，がた，無駄時間が関与して，今までの多くの教科書にはよく出ている位相進み遅れ補償などを入れても効目がないことが多い．理論は，普通あくまでも線形システムに対してであるが，機械は当然非線形システムで，がた，飽和，大きな無駄時間などのため，適用範囲が狭められている．

　油圧サーボの負荷としては，慣性負荷が一番多く，ばね負荷，長い管路特性，チャンバ内圧力のような圧縮性負荷，切削力などの摩擦負荷などが考えられる．油圧サーボシステムの制御において，ばね負荷ではなく，慣性負荷を駆動する場合でも，一般的にはアクチュエータの積分特性は理想的なものからはほど遠く，システムの固体摩擦，がた，ヒステリシスあるいは弁の中立位置変動などの非線形特性により，定位性が付加されて，内部モデル原理が充たされず，しばしば定常偏差（オフセット）が生じてしまう．

　閉ループ制御の前向きコントローラとして，図4.5のようにPID制御を付加すれば，この問題のみは多少解決できる．このPID制御は，先に述べ

た PI 制御と同様に最適パラメータの選定に職人技が必要である．さらにマニピュレータのような制御対象の場合には，目標値応答とともに姿勢変化および負荷の有無によるパラメータ変動による動特性の変化，安定性の確保に困難

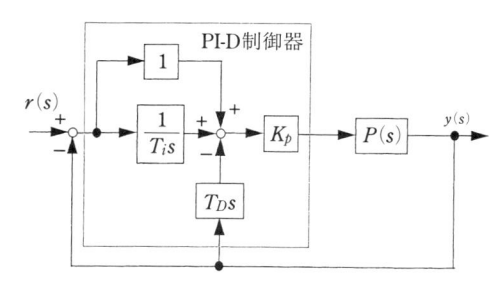

図 4.5 PID コントローラ

があった．ボード線図上あるいはナイキスト線図上で周波数特性を用いて制御系設計を行なった従来の方法では，1 自由度系という制約もあり，目標値応答と安定性のトレードオフが避けられない．妥協の産物としてのゲイン余有，位相余有などのどちらかというと曖昧な指標によるクライテリオンに頼らざるをえなかった．

しかし，この 10 数年に過去の周波数応答法と状態空間法を包含し，それらを超えて H_∞ ノルムを用いた安定有理関数行列に基づく手法が発展して

表 4.1 マニピュレータシステムの電気駆動方式と油圧駆動方式の比較評価

項目	油圧	電気	記事
軽量化(バケット上)	○	△	
発電機	○	△	
アクチュエータ	○	△	出力重量比，直動不向き
減速機	○	△	油圧は直動可：減速機必要
電気絶縁			
アクチュエータ	○	×	ホース絶縁：電線あり
トルクセンサ	○	△	
速度センサ	×	△	油圧は低速でむずかしい
位置センサ	○	○	光エンコーダ，光ケーブル
自律制御			
位置精度	△	○	速度ループ，減速機ありで楽
安定性	△	○	油温変化，空気含む圧縮性：電気減速機介すると楽
非線形特性	△	△	
CPU との整合性	△	○	電気技術者多し
工具軸力	○	△	出力重量比
保守	△	○	
油圧源			車載で電線からもとれる
油漏れ			

きている．これらは，2自由度系，外乱オブザーバ，H_∞制御に応用されている．制御手法はそれぞれ特長があり，向いている制御対象があるので，同一条件で一概には比較できない．

次に，油圧制御の中でも比較的制御が難しい多軸シリアルマニピュレータについて，電気制御と油圧制御を比較してみる(表4.1)．表を見てわかるように，油圧制御は自律制御における位置精度，安定性を除けば，電気に比べて劣るところはない．むしろ優れているところが多い．

4.1.3 6軸油圧マニピュレータの各軸の動特性の数学モデル
(1) 油圧駆動多関節マニピュレータ

ここでは，油圧制御システムの中でも比較的外乱およびパラメータ変動が多いと考えられるフィールド作業用6軸シリアルマニピュレータを例にとり，ロバスト制御を考える．

油圧駆動車載マニピュレータについては，次に挙げるような問題点がある．

① 油温の変化，気泡の混入，作動圧力の変動によりシステムのパラメータの変動がある．

② シリンダによる直接駆動であるため，軸干渉力を含む多関節型マニピュレータ固有の非線形な外乱入力の影響がある．

③ 機械的剛性の低い多関節マニピュレータを制御するに当たっては，アームを持つ建設機械などでも

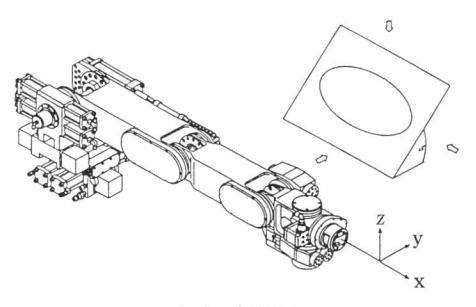

(a) 概観図

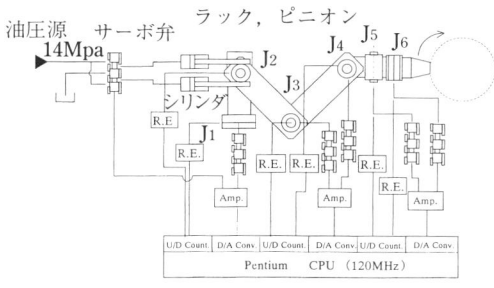

(b) R.E.: ロータリエンコーダ,
　　Amp.: アンプ,
　　Count.: アップダウンカウンタ,
　　Conv.: コンバータ実験装置概略図

図4.6　6軸油圧マニピュレータ

よく経験するスピルオーバなどが懸念されるため，ループゲインをできる限り低くして高次の振動が生じないようにしなければならず，高精度制御との両立が難しい．

図4.6に，ここで対象としたマニピュレータの概観図と実験装置概略図を示す．6軸の各軸は，第3軸(油圧シリンダによるチェーン駆動)を除いてすべて油圧シリンダとラック＆ピニオンを組み合わせたアクチュエータにより直接駆動される．各軸間を構成する軸間フレームは，シリアルマニピュレータの場合には比較的長く，また特に対象としているマニピュレータの場合には電気絶縁性能の確保を目的としてプラスチックで製作されており，これがアームの機械的剛性を低下させ，制御系のループゲインが上げられない要因の一つになっている．関節の角度制御に用いている弁はバンド幅約120 Hzのノズルフラッパ型のサーボ弁である．

(2) マニピュレータ制御系のモデル化

各軸の外乱オブザーバを構成するに当たっては，システムのモデリングを行なう必要がある．当然，幾つかの条件を設けている．例えば，管路は短く，空気の混入はない，アームは剛体とみなすなどである．

① 圧縮性を考慮した三次のモデル

案内弁圧力流量特性(線形化)：$p_l = K_z z - K_q q$ (4.6)

流体の圧縮性：$q = Av + \dfrac{\beta V}{2} \dfrac{dp_l}{dt}$ (4.7)

負荷駆動力：$A p_l = M \ddot{x} + D \dot{x}$ (4.8)

これらより，案内弁変位より負荷変位までの伝達関数は以下のように与えられる．システムの動特性を詳しく調べるにはさらに詳しいモデルが必要であるが，制御という面で見たときには，詳しいモデルは必ずしも必要とは限らない．

$$\frac{X(s)}{Z(s)} = \frac{A K_z}{s \left(\dfrac{M \beta V K_q}{2} s^2 + \dfrac{D \beta V K_q}{2 + M} s + D + A^2 K_q \right)} \quad (4.9)$$

ここで，v：負荷の移動速度，x：負荷の変位，q：作動油弁通過流量，z：案内弁変位，$K_z：(\partial P_l/\partial z)z=z_0$，$K_p：(\partial P_l/\partial q)_{q=q_0}$，$K_e$：制御ゲイン，

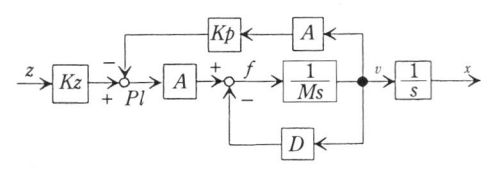

図4.7 ブロック線図

p_l：負荷圧力, A：ピストンの有効断面積, M：負荷慣性質量, D：負荷のダンピング定数, β：圧縮率, V：考慮している流体の体積である.

② 圧縮性を無視した二次のモデル

あとで述べる外乱オブザーバに用いるノミナルモデルは任意のものでよいが，演算なども考慮して，なるべく簡単で実機に近い簡単な二次系で近似する．

図 4.7 を参考にすると，下記の関係が成り立つ．

$$\text{圧力流量特性（線形化）：} p_l = K_z z - K_p A v \tag{4.10}$$

$$\text{負荷駆動力：} A p_l = M \ddot{x} + D \dot{x} \tag{4.11}$$

$$\text{速度と変位：} v = \dot{x} \tag{4.12}$$

式 (4.10)～(4.12) から偏差から出力までの伝達関数を求めると，

$$\frac{X(s)}{E(s)} = \frac{C_2}{s^2 + C_1 s} \tag{4.13}$$

となる．ただし，

$$C_1 = \frac{D + A^2 K_p}{M} \tag{4.14}$$

$$C_2 = \frac{A K_z K_e}{M} \tag{4.15}$$

4.2 H_∞ 制 御

ここでは，システムの数学モデルの不確かさを考慮して設計を行なう H_∞ 制御理論を油圧制御システム（特に例として油圧マニピュレータ）に適用し，外乱感度抑圧性やロバスト安定性を実験例を通して H_∞ 制御の初歩的な概念の理解を得ることを目的とする．まず制御対象となるシステムの実際の動的特性を評価し，制御系設計のための低次元線形ノミナルモデルを導出する．次いで，ここで得られた結果をもとに H_∞ 制御系設計の定式化を行ない，H_∞ コントローラを導出する．最後に導出された H_∞ コントローラを実際の

4.2 $H\infty$ 制御

油圧駆動6軸マニピュレータに適用し，実験的な評価を行なう．

$H\infty$ 制御理論とは，一言でいうと，文字通り $H\infty$ ノルムという測度を評価値として用いて，スモールゲイン定理に基づいて，与えられた重み関数の範囲で十分条件として安定なシステムを得るコントローラの設計を可能とした理論のことである．1981年に Zames によって提唱された．スモールゲイン定理とは，あるフィードバックループの開ループ伝達関数において，そのゲインが1以下であれば位相によらず常にその開ループ伝達関数を持つシステムは安定であることをいう．これは，そのシステムの安定性に対して十分条件となる．

ここで，制御系はフィードバック制御系を念頭において，設計されたコントローラによりゲインだけに注目した伝達関数の適当な入力点から適当な出力点までの伝達関数の大きさをある値以下に整形する制御ということになる．

$H\infty$ ノルムとは，この伝達関数の大きさの評価に使われる指数で，ある伝達関数の周波数応答の最大ゲイン(最大特異値)を示し，以下の式で定義される．

$$\|G(s)\|_\infty = \sup |G(j\omega)| \qquad (0 \le \omega \le \infty) \tag{4.16}$$

これは，ボード線図でのゲインの最大値，あるいはナイキスト線図でのベクトル軌跡の原点からの最大距離に当る．さきほどのスモールゲイン定理を $H\infty$ ノルムを用いて表現すると，$H\infty$ ノルムが1以下である開ループ伝達関数を持つシステムは安定であるということになる．

次に，$H\infty$ コントローラを設計する．4.1.1項で示したように，システムの感度関数 S は次のように与えられる．

$$S = \frac{y}{d_2} = \frac{1}{1+PC} \tag{4.2}$$

また，相補感度関数 T は，次のように与えられる．

$$T = \frac{y}{u} = \frac{PC}{1+PC} \tag{4.1}$$

これを，次のような評価関数としての重み関数 $W(s)$ に適用する．

$$\|W_1(s)S\|_\infty < 1 \tag{4.17}$$

この式は，上式を満たすコントローラ C が，低周波数での感度低減化，

すなわち外乱が出力に及ぼす影響を重み関数 $W_1(s)$ で与えた条件を満たすように小さくすることを表わしている．感度関数と関係している．

$$\|W_3(s)\,T\|_\infty = \|W_3(s)\,P\,C(P\,C+1)^{-1}\| < 1 \tag{4.18}$$

この式は，上式を満たすコントローラ C が高周波数でのロバスト安定化，すなわちシステムのパラメータ変動がシステムの安定性に及ぼす影響を小さくできることを表わしている．相補感度関数と関係している．

これを制御系に適用するには，まず一般化プラントを設計する必要がある．ここでいう一般化プラントとは，H_∞ 制御を適用しようとするシステムの入・出力関係を明確にするものである．これに基づいてコントローラの導出が行なわれる．詳細は，参考書を参照していただきたい．

ここでは，H_∞ 制御器をGDKF（Glover, Doyle, Khargonekar, Francis）法によって標準問題として設計する．まず，対象としているシステムと制御条件に対して上に述べた一般化プラントを設計する必要がある．一般化プラントは設計仕様によって決められるが，ここでは以下のように設計仕様を決める．

（1）1自由度の制御系とする．
（2）実制御対象 $P(s)$ とノミナルモデル $P_n(s)$ とのモデル化誤差に対してロバスト安定を達成する．ここでの実制御対象であるマニピュレータが，周波数特性実験を通して，姿勢変化や先端工具の有無により約 1.5 Hz 以上での周波数帯域で特性変動が顕著に見られるので，ここでの感度をできるだけ低く抑える．
（3）システムの前段に入力する外乱感度を低周波数領域で低減させる．
（4）ステップ状の目標値に対して定常偏差を0にする．

仕様（1）を前提として（2），（3）を達成するためには，低周波域と高周波域を分けて考える混合感度問題による定式化が必要である．また，（4）を達成するためには制御器に積分器を持たせればよいが，そのために外乱感度抑圧周波数重みに $1/s$ を含ませると，この虚軸上の極のモードが外乱 w より可制御でなくてはならないという条件を満たせなくなるのと，u から z までの伝達関数 $G_{12}(s)$ が虚軸上のゼロ点を持つので，標準問題として解くことができない．このような問題に対応するためにいろいろな方法が考えられて

いる．その主なものとしては，
① 自由パラメータ U を用いる方法
② 虚軸上(原点)のランク条件を回避するために十分小さな正数 ε を用いる拡大系を導入する方法
③ 拡張 H_∞ 制御による方法

などの方法があるが，ここでは，②の拡大系による方法と，あらかじめ一般化プラントに PI 補償器を内挿しておく方法を用いる．

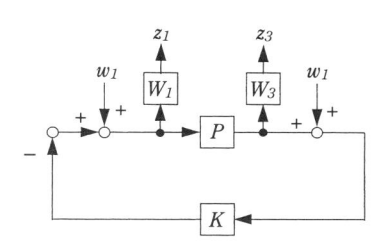

図 4.8　一般化プラントのブロック線図

②の方法の場合，一般化プラントのブロック線図は図 4.8 のように与えられる．また，式 (4.13) のノミナルモデルは虚軸上に極を持つので，そのモードが外乱から可制御となるように w_3 をプラントの前においた．そして，そのモードの影響は z_1 で評価されるので，H_∞ 制御の可解条件を満たしている．W_3 はロバスト安定化，W_1 は外乱感度抑圧重みであり，実験などで求めた図 4.9 を参考にして下記のように定める．

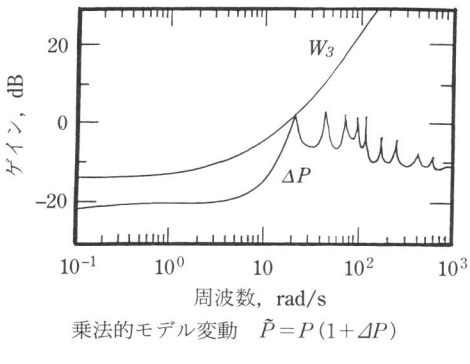

乗法的モデル変動　$\tilde{P}=P(1+\varDelta P)$

図 4.9　パラメータ変動の一例

$$W_1 = \frac{0.5(s+3)}{s+10^{-4}} \tag{4.19}$$

$$W_3 = \frac{5(s+10)}{10^{-4}s+100} \tag{4.20}$$

以上の準備をしたうえで，(1)〜(4)項までの設計仕様を満たす H_∞ コントローラは，手計算で求めることは容易ではないが，制御系設計用 CAD である MATLAB を用いて自動的に求めることができる．常に解があるとは限らないが，計算を実行すると下記のコントローラが得られる．得られない場合は，上記の設計仕様を緩くする必要がある(MATLAB の使用方法に

ついてはここでは述べないが，制御系設計のツールとして，MatrixX などと同様に，今後不可欠なものになると思われる）．

$$K(s) = 2.7 \times 10^{-3} \frac{(s+10^6)(s+753)(s+201 \pm 357j)(s+208)}{(s+753)(s+202 \pm 357j)(s+49)(s+97)(s+10^{-4})}$$
(4.21)

このコントローラの周波数特性を図 4.10 に示す．これからわかるように，10^{-5} rad/s 以上の低域での積分特性と，10 rad/s 以上の周波数帯域での感度低減特性を有することがわかる．

次に，あらかじめ一般化プラントに PI 要素を内挿した場合の一般化プラントを図 4.11 に示す．この場合，評価関数は，

$$\left\| W_3 T_i, \frac{W_3}{\alpha} P\left(\frac{1}{T_1 s} + K_p\right) S_i \right\|_\infty < 1 \quad (4.22)$$

となる．

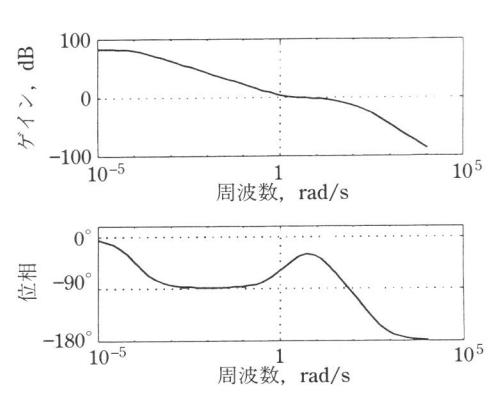

図 4.10 コントローラの周波数特性

この一般化プラントの特徴は，次のような特徴がある．

① 外乱感度抑圧重みが，$(W_3/\alpha)P[1/(T_1 s)+K_p]$ となる．したがって，ロバスト安定化重み W_3 がこの中に入ってくるので，前述の一般化プラントの混合感度法ほどに感度関数を整形できる自由度が低い．

② 図 4.11 の一般化プラントにおける ε を大きくとれば，入力を小さくできる．一方，十分小さいと制御器の出力が評価されなく

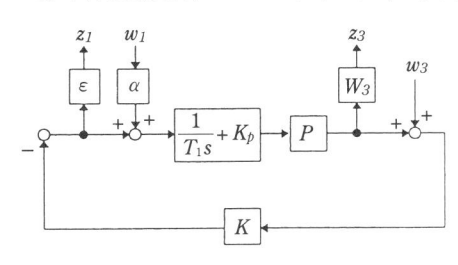

図 4.11 PI 要素を内挿した一般化プラントのブロック線図

なるので，プラントと標準H_∞制御問題により設計された制御器との間で極零相殺が起こり，それが虚軸に近い場合にはその周波数成分を持つ外乱の影響を制御器の出力が影響されやすい．

ここで，$\varepsilon=0.1$, $\alpha=0.1$とし，また，

$$PI = \frac{2s+1}{s} \quad (4.23)$$

$$W_3 = \frac{s+10}{10^{-6}s+10} \quad (4.24)$$

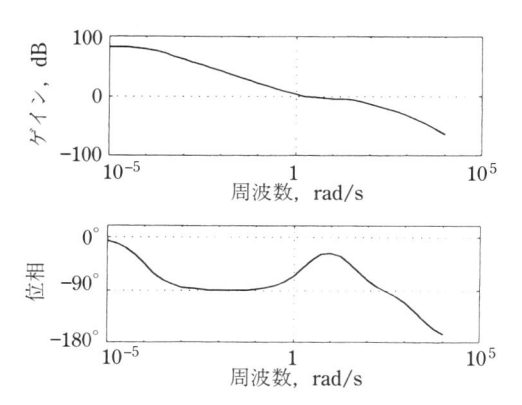

図 4.12 コントローラの周波数特性

として前述同様，MATLABを用いてH_∞コントローラを求めた結果，式(4.25)のコントローラが得られる．

$$K(s) = 18.4 \frac{(s+121)(s+0.5)(s+0.4)}{s(s+419)(s+17.9)(s+0.49)} \quad (4.25)$$

得られたコントローラの周波数特性を示すと図4.12のようである．低周波数域での完全な積分特性と先のコントローラ同様，10 rad/s以上の周波数帯域での感度低減特性を有することがわかる．この1自由度H_∞制御による実験的検討については，後に述べるものと同様に，4.5節で他の手法の結果とともに比較しながら示す．

4.3 スライディングモード制御

ここでは，従来から電動機のロバスト制御などに応用研究されているスライディングモード制御を油圧マニピュレータに応用したときの限界と特質を考察し，外乱推定補償制御に代表される他のロバスト制御手法との比較という観点での有効性，および問題点を実験的に検討することを通してスライディングモード制御の限界について考察し，基礎的な理解を得ることを目的としている．

スライディングモード制御は，状態空間内に設定したある平面を境に高速，高ゲインで制御構造を切り換え，強制的にシステムの状態を設定した状態平面に拘束する制御手法で，理想的にはパラメータ変動，非線形外乱に対してほぼ完璧なロバスト性を実現できる．しかし現実問題としては，無駄時間や，オフセットなどによりチャタリングと呼ばれる振動の振幅が増したり，制御精度の劣化を伴う．

4.3.1 スライディングモード制御系の設計

スライディングモード制御は，一例を図4.13に示すように，状態空間を切替え面を設定することにより領域分けをして，領域ごとにフィードバック係数を正と負で切り換えることにより，制御対象を一つの状態線上に拘束し，外乱に対してロバストな制御系を実現する可変構造制御方法の一つである．

ここで，マニピュレータモデルの基本的な二次制御系

$$\ddot{x} + C_1 \dot{x} + C_2 x = C_3 u \tag{4.26}$$

に対してスライディングモード制御則を適用する．従来の手法[1]に従い，スライディングモードの切替え面を，

$$s = \dot{x} + c x \tag{4.27}$$

においてs=0と選び，また制御入力を

$$u = \Psi x \tag{4.28}$$

ただし，

$$\left. \begin{array}{l} \Psi = \alpha \quad \text{if} \quad s x > 0 \\ \Psi = \beta \quad \text{if} \quad s x < 0 \end{array} \right\} \tag{4.29}$$

とすれば，$\dot{x} + c x = 0$ を切換え線としてスライディングモードが発生する．すなわち，スライディングモード制御を行なったときのシステムの応答は c のみに依存し，時間軸では，$x = x_0 \exp(-c t)$

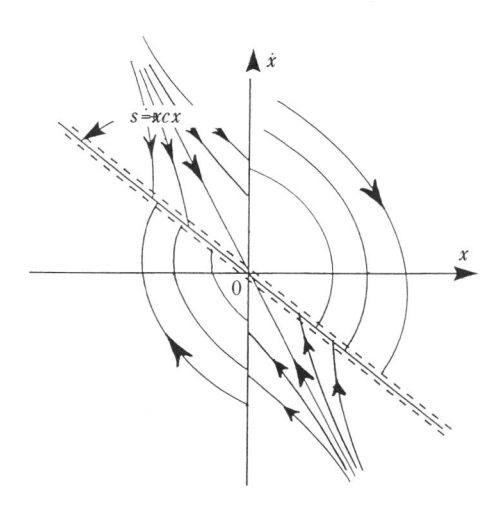

図4.13 二次システムのスライディングモード制御

(x_0 は切換え線に到達し，スライディングモードを生じ始めるときの初期値)で表わされ，c の値が大きいほどスライディングモードの運動を速くすることができる．ここで，c, α, β については，おおよその目安としてスライディングモードの存在条件[2]により，

$$\left.\begin{array}{l} c = C_1 \\ \alpha > \dfrac{c\, C_1 - (c^2 + C_3)}{C_2} \\ \beta < \dfrac{c\, C_1 - (c^2 + C_3)}{C_2} \end{array}\right\} \quad (4.30)$$

と選べばよい．式(4.30)において，システムパラメータが変動する場合には，

$$\left.\begin{array}{l} c \leq \min C_1 \\ \alpha \geq \max\limits_{C_1, C_2, C_3} \dfrac{c\, C_1 - (c^2 + C_3)}{C_2} \\ \beta \leq \min\limits_{C_1, C_2, C_3} \dfrac{c\, C_1 - (c^2 + C_3)}{C_2} \end{array}\right\} \quad (4.31)$$

とすれば，パラメータ変動に不感でロバストな制御系を構成することができる．

次に，式(4.13)で示したシステムに外乱入力 d が加わる場合，すなわち

$$\ddot{x} + C_1 \dot{x} + C_2 x = C_3(u + d) \quad (4.32)$$

と表わされる場合，

$$|x| < \frac{|C_2 d|}{|C_2 \Psi + C_3 + c(c - C_1)|} \quad (4.33)$$

の領域でスライディングモードが存在しなくなり，ステップ状の外乱入力に対して，

$$x = \frac{C_2 d}{C_3 + C_2 \Psi} \quad (4.34)$$

の定常偏差を生じるようになる．このようなシステムに対しては，あらかじめシステムに入力される外乱の絶対値よりも大きなオフセット入力を加えることでスライディングモードを発生させることができる．すなわち，$K_d = |d|$ となるゲイン K を用いて，

$$u = \Psi x - K_d \,\mathrm{sgn}(s) \tag{4.35}$$

ただし,

$$\mathrm{sgn}(s) = \begin{array}{ll} 1 & \text{if } s>0 \\ -1 & \text{if } s<0 \end{array}$$

なる入力を加えれば,外乱入力が加わっていても常にスライディングモードが発生する.この入力信号は,スライディングモードの制御信号に重畳させるために,通常 ディザ信号と呼ばれるが,あらかじめ想定される外乱入力よりも大きく,かつ同じ周波数の信号成分であることから,オフセット入力とみなすのが妥当である.

4.3.2 シミュレーション

まず,前章で導出した条件をもとにスライディングモードのシミュレーションを行なう.シミュレーションには,MATLAB with SIMULINK を用い,式(4.11)で表わしたマニピュレータの第3軸モデルを対象とする.先に述べたように,理想的には1型であるが,シミュレーションにおいては,スライディングモード制御の効果を確かめるため意図的に負荷にばね要素を加え0型とした.

$$G(s) = \frac{80}{s^2 + 126s + 10} \tag{4.36}$$

このシステムに,$c=10$, $\alpha=20$, $\beta=-20$ としてスライディングモード制御を行ない,ステップ応答をシミュレーションしたときの結果を図4.14に,またそのときの位相面軌跡を図4.15に示す.ここでは,目標値からの偏差を示している.シミュレーション結果から定常偏差は完全になくなり,位相面軌跡においてシステムは,初期状態か

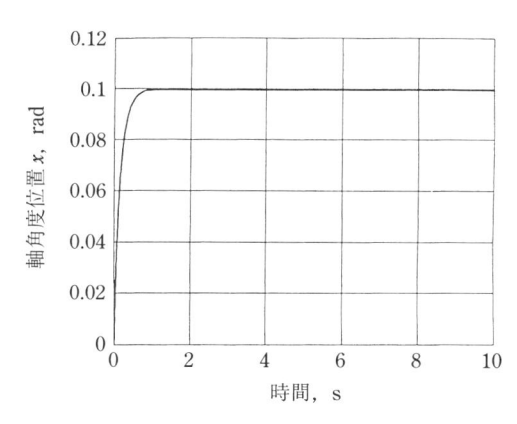

図4.14 スライディングモード制御を行なったときのステップ応答シミュレーション結果

らの切換え線に向かって軌跡を描き，到達した後は小さな振動を繰り返しながら原点に収束することがわかる．

次に，パラメータを変えずに，ステップ入力が加わってから2s後に，入力の30%の大きさのステップ状外乱を加えたときの結果を図4.16に示す．これより，約1%程度の定常偏差を生じることがわかる．また，その2s後にステップ入力の40%に相当する，式(4.11)で示したオフセット入力を加えると外乱の影響が打ち消されることがわかる．また，ステップ応答の場合と同様，2s後に前と同様のステップ状外乱を入力したが，応答波形に変化はなく，ランプ状の入力に対してロバストである．

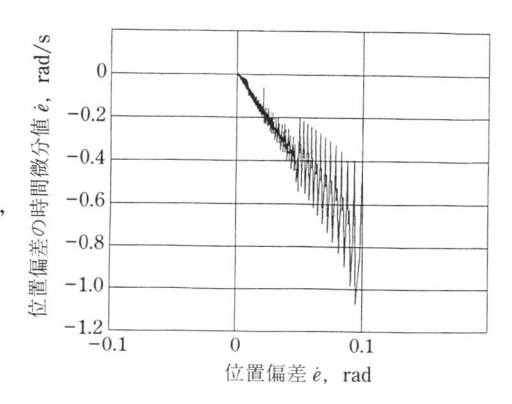

図4.15 スライディング制御を行なったときの位相面軌道

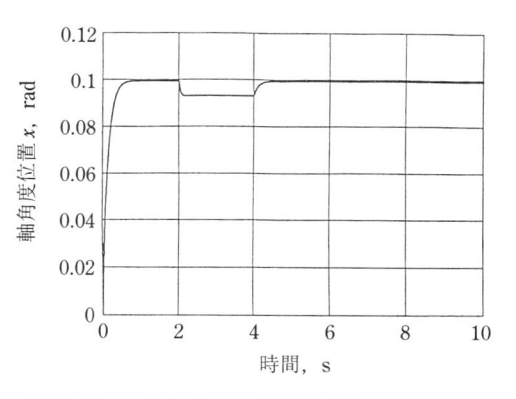

図4.16 スライディング制御を行なったときのステップ状外乱応答のシミュレーション結果

4.3.3 ステップ制御実験

(1) スライディングモードによるステップ応答実験

次に，実際のマニピュレータにスライディングモード制御を適用する．各関節角はポテンシオメータによって計測され，サンプリング周波数約10kHzでコンピュータに取り込まれる．また，用いたCPUは80486(66MHz)であり，約0.5msのサンプリングタイムで演算処理される．また，スライディングモード演算に必要な角速度はオブザーバの出力を用いている．実験は，シミュレーションの場合と同様，第3軸に対して$c=10$, $\alpha=20$,

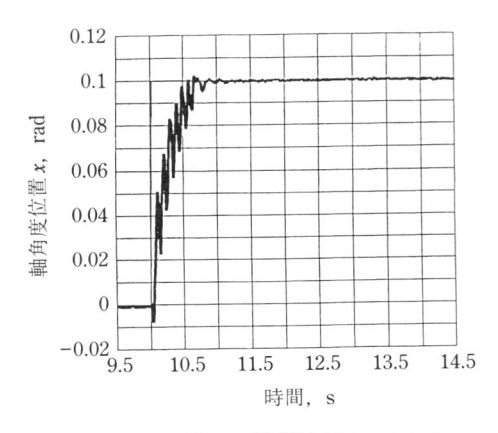

図 4.17 スライディング制御を行なったときの
　　　　ステップ応答実験結果

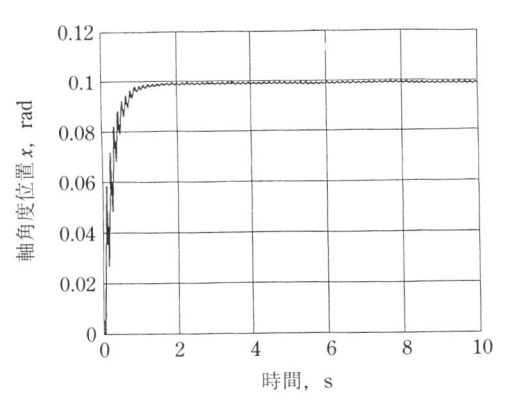

図 4.18 スライディング制御を行なったときの
　　　　ステップ応答の伝達遅れの影響

$\beta = -20$ としてスライディングモード制御を行ない，ステップ応答実験を行なった．そのときの結果を図 4.17 に示す．シミュレーションのときと同じ条件ながら応答はかなり振動的になっていることがわかる．これは，計算機の演算時間遅れや動力の伝達遅れの影響がでているものと思われる．また，このほかに式 (4.11) には現われていないが，剛性の低いアームが持つ高次の振動モードの影響も考えられる．

伝達遅れの影響を検討するのに際して，30 ms の時間遅れを設定し，シミュレーションを行なった．そのときの結果を図 4.18 に示すが，実験結果に非常によく一致した特性が現われており，実際のシステムにも約 30 ms 程度の時間遅れが存在することがわかる．また，同時にこれが実験で生じるハンチングの主な原因として考えられる．

一方，ここには記載しないが，外乱推定補償制御についても同様の時間遅れを設定してシミュレーションを行なったが，出力への影響はまったくなかった．このことから，スライディングモード制御は，通常の油圧サーボシステムに存在する程度の時間遅れに対しては，外乱推定補償法と比較した場合，ロバスト性に劣るといえる．

（2）チャタリングの抑制とロバスト性

チャタリングを抑制するためには，ゲインの切替え時に一次遅れフィルタ的な比例域を設けると効果的である[3]．しかし，比例領域を設けて制御構造の切換えを緩やかにするということは，同時にロバスト性とのトレードオフとなる．このようなロバスト性劣化を最小限に抑えるために図4.19，図4.20のように，システムの相平面上の状態点から拘束線までの距離

$$d = |x\dot{x}/\sqrt{x^2+\dot{x}^2}|\Psi x \quad (4.37)$$

を評価値として比例領域を変調させた．すなわち，距離 d が大きいときは緩やかに拘束線に近づけて，近づくに従って比例領域を狭め，拘束力を強めるような制御を行なう．この場合，切換えゲインは下記のようになる．

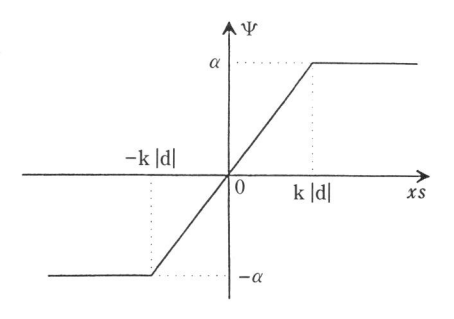

図4.19 比例領域

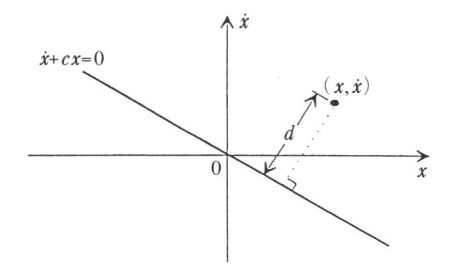

図4.20 スライド面からの距離

$$\left.\begin{array}{ll} \Psi = \alpha & \text{if} \quad xs > k|d| \\ \Psi = \dfrac{\alpha xs}{k|d|} & \text{if} \quad -k|d| < xs < k|d| \\ \Psi = -\alpha & \text{if} \quad xs < k|d| \end{array}\right\} \quad (4.38)$$

図4.21に，前と同様にパラメータを $c=10$，$\alpha=20$，$\beta=-20$ とし，上記のような比例領域の変調を行なったときの第2軸ステップ応答の実験結果を示す．この結果から，チャタリングはよく抑制されていることがわかるが，図4.17と比較すると定常偏差は大きくなっており，変調させているとはいえ，比例領域を設けることはロバスト性を低下させることになる．このスライディングモード制御による実験的検討については，後に述べるのと同様に，

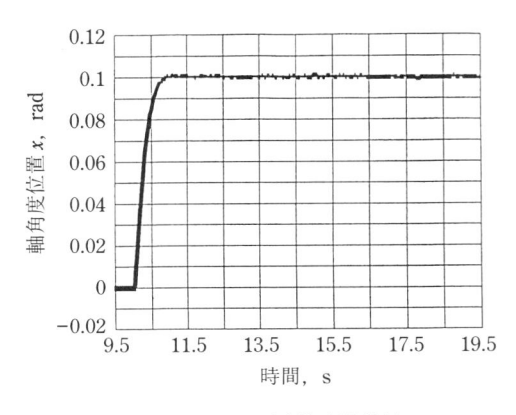

図4.21 ステップ応答実験結果

4.5節で他の手法の結果とともに比較しながら示す．

後の実験では，スライディングモード制御は，比較的剛性の低いシリアルマニピュレータの高精度ロバスト制御にはそのままでは余り向いてないことがわかる．しかし，チャタリングを防止するためのアルゴリズムの設計を工夫することによりまだ可能性はあるであろう．最近，アルゴリズムに外乱オブザーバを利用するなどして幾つかの試みがなされ，よい結果も得られているようであるが，実機に搭載できるレベルまでいくかどうかが問題である．

4.4 2自由度制御

2自由度制御系は，フィードフォワードループなどの追加により設計に関する自由度（自由に設計できるパラメータ）を増して，前に述べたフィードバック制御システムの感度関数，相補感度関数を二つのパラメータにより別個に設計できるものである．1自由度系において，感度関数と相補感度関数は切り離すことができず，一方をたてれば他の片方はその犠牲になるというトレードオフの関係にあることを思い出してほしい．

4.4.1 1自由度系の設計の問題点および2自由度制御の利点と設計の難しさ

コントローラの構成として，パラメータが大きく変動するような従来の1自由度閉ループ系では十分な制御が達成されないシステムに対して，2自由度制御系が有効であることは認知されてきている．従来の1自由度制御系（単なる閉ループシステム）では，定常特性（位置決め精度，速度偏差など）と，高速応答性（安定性）を同時に満たすように最適パラメータを選べず，どこかで妥協せざるをえない．

だが，ここでも2自由度になったがために，自由パラメータがさらに増えてどのように決定すれば最適なパラメータを選定できるか見通しがつきにくくなっている．それでも結局のところ，閉ループ制御系としては2自由度系に行き着くと思われる．

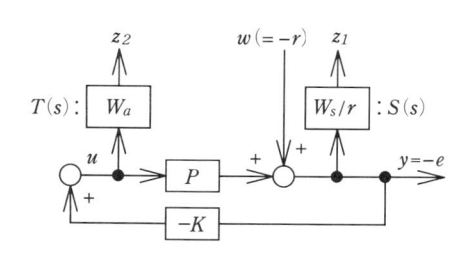

図4.22　一般化プラントのブロック線図

ただし，これは，開ループ制御系よりも閉ループ制御系がよいという程度の意味である．つまり，考え方としては端的にいうと，フィードバックループを持つ制御系に新たにフィードフォワードループを付けたことだけである．詳しく述べないが，これにより1自由度増えている．この制御系を設計するには，フィードフォワードループのパラメータとフィードバックループのパラメータの二つを決定する必要がある．

ロバストで最適な制御システムを得るには，この2自由度制御系のパラメータをどのように決定するかにかかっている．ある意味ではフィードフォワードループの設計にかかっているともいえる．パラメータが増えたために見通しは悪くなる．例えば，先端制御手法の一つである H_∞ 制御理論を例にとってみると，この手法は，まず十分条件という意味で，大まかなものである．しかし使う分にはかなり有効である．この手法を利用するには，まず図4.22に示すようなシステムの一般化プラントを構築する必要がある．この一般化プラントについて，詳しくは章末の参考書を参照されたいが，簡単に説明すると，重要な設計パラメータとしての重みが，低周波で重要な感度関数および高周波で重要な相補感度関数について二つある．

システムのモデル化誤差による影響を設計に反映させるためどのような制御変数が問題になるかを見極め，この二つの重みに対してどの程度の重みを与えるかを決める必要がある．そのためには，モデル化誤差をある程度 実験などにより定量的に見積もる必要がある．しかし，クーロン摩擦などの非線形性を含めて，システムパラメータが現実的にどの範囲で変動するかは，図4.9に一例を示したように，ある程度の実験をしたとしても確実にはつかめない．最適な重みを決定するのは，結局は試行錯誤になるし，さじ加減と

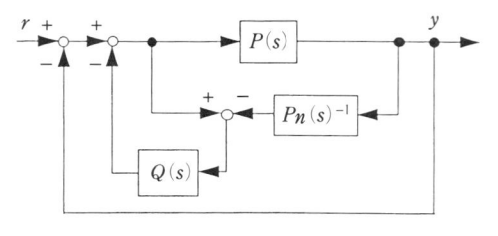

図 4.23 外乱オブザーバのブロック線図

いうことになる．H_∞ 制御理論によるコントローラを計算で求めることは，手計算では大変な労力を要求されるが，MATLAB などの制御系設計 CAD プログラムを使うと，重み関数の値を与えれば自動的に計算してくれる．しかし，望ましい重み関数の値に対して，いつでも解が求められるかというとそうではない．解が得られる範囲で，どこで妥協するかということになる．ここいら辺がノウハウの領域であり，この点で見通しが悪い H_∞ 制御理論が余り用いられない最大の原因であると考える．

著者が油空圧向きと考えている外乱オブザーバによる外乱推定補償制御においても同じようなことがある．パラメータ決定という面からは，2 自由度制御系の一つである外乱オブザーバは設計に対してよい見通しを与えると考える．外乱オブザーバは，少なくとも H_∞ 制御理論よりは設計しやすいし，その効果ももともと 2 自由度系ということもあり大きい．一番簡単に外乱オブザーバを設計するには，図 4.23 のオブザーバの極を試行錯誤で与えればよい．低周波側の外乱除去の制御効果は保証されている．しかし高周波側の安定性は保証がないので，極をプラントごとに，さじ加減で与えなければならない．著者らは，このさじ加減をより厳しいものにして，また設計を楽にするために，H_∞ 制御理論によるパラメータ決定を高周波側の安定性確保問題に適用した．その結果，それほどの努力を要せずにコントローラの性能は格段に上がったが，それでもやはり一般化プラントの重み関数の値の決定にある程度の試行錯誤が避けられない．

4.4.2 外乱オブザーバによる外乱補償制御

ここでは，ロバスト制御として現在著者が電気油圧マニピュレータなどを対象に比較検討している外乱オブザーバによる外乱補償制御について説明する．この外乱オブザーバによる制御ではコントローラが比較的計算量の少ない形で実現できるという利点がある．

図 4.24 は，式(4.3)の 1 型ノミナルモデル $P_n = C_2/(s^2 + C_1 s)$ の外乱オブ

ザーバを用いた外乱推定補償型ロバスト制御システムのブロック線図である．外乱オブザーバは，電気サーボの摩擦特性の推定などに用いられている．外乱をシステムの線形モデルからのずれとパラメータ変動をすべて含めて考え

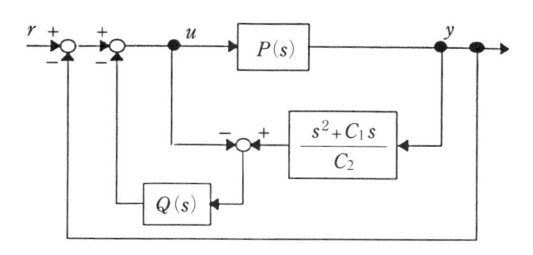

図 4.24 外乱オブザーバを用いた外乱推定補償型ロバスト制御システムのブロック線図

ると，油圧サーボシステムに特有の各種非線形性などを補償できる可能性がある．さらに，油圧サーボは高速応答性に優れていることが特徴であり，そのためには制御信号が短時間で得られなければならないが，この外乱オブザーバではコントローラが比較的計算量の少ない形で実現できるという利点がある．

この図 4.24 でモデルの近似度による誤差や軸干渉を含むパラメータの変動によるシステムとの誤差は，すべて入力信号に重畳した外乱に起因するものと仮定する．このような条件のもとで，外乱 d を状態変数の一つとして含む拡大系の状態方程式は以下のようになる．$n+1$ 次の状態変数ベクトル $\boldsymbol{x}$ は一般に次のように与えられる．

$$\boldsymbol{x} = \begin{bmatrix} x_1 \\ \vdots \\ x_n \\ d \end{bmatrix} \tag{4.39}$$

出力を θ とすれば，拡大系の状態方程式，出力方程式は次のように与えられる．

$$\dot{\boldsymbol{x}} = \boldsymbol{A}\boldsymbol{x} + \boldsymbol{b}\theta_e, \qquad \theta = \boldsymbol{c}\boldsymbol{x} \tag{4.40}$$

ここで，$\boldsymbol{A}$：$n+1$ 次の拡張システム行列，$\boldsymbol{b}$：制御ベクトル，$\boldsymbol{c}$：出力ベクトルである．

これより同一次元の外乱オブザーバは次式で与えられる．

$$\dot{\hat{\boldsymbol{x}}} = \boldsymbol{A}\hat{\boldsymbol{x}} + \boldsymbol{b}\theta_e + \boldsymbol{k}(\theta - \hat{\theta}) \tag{4.41}$$

ただし $\boldsymbol{k}$：オブザーバゲインベクトルである．ここで ^（ハット）は状態

変数の推定値を表わす．なお，外乱オブザーバの極は複素平面において実軸上でできるだけ左に設定し，推定時間を短くすることが望ましいが，高周波雑音および安定性との兼合いがあり，また負荷を含めたシステムの極よりも大きくとる必要がある．ノミナルモデルを二次とした場合には，外乱の推定値は，オブザーバゲインを $\boldsymbol{k}=[k_1,k_2,k_3]^T$（上付きの T は転置を表わす）としたとき，下記のように書くことができる．

$$\widehat{D}(s) = \frac{k_3(s^2+C_1 s)}{s^3+(C_1+k_2)s^2+(k_1+C_1 k_2)s+k_3 C_2} \Theta(s)$$
$$- \frac{k_3 C_2}{s^3+(C_1+k_2)s^2+(k_1+C_1 k_2)s+k_3 C_2} U(s) \quad (4.42)$$

ここで，$\Theta(s)$ と $U(s)$ は，出力位置とシステムへの入力をラプラス変換した関数である．

上式は制御系を内部安定にするために安定化フィルタ $Q(s)$ が必要となることを示しており，具体的に同一次元オブザーバでは式(4.43)のように，また最小次元オブザーバでは式(4.44)のように表わされる．

$$Q(s) = \frac{k_3 C_2}{s^3+(C_1+k_2)s^2+(k_1+C_1 k_2)s+k_3 C_2} \quad (4.43)$$

$$Q(s) = \frac{l_1 C_2}{s^2+(C_1+l_2)s+l_1 C_2} \quad (4.44)$$

式(4.43)，(4.44)で示す安定化フィルタは，定常状態すなわち $s \to 0$ のとき $Q(s) \to 1$ であり，図4.24の制御系は定常状態ではノミナルモデルの理想的な動特性になることを示している．ブロック線図上では，$P_n(s)^{-1}$ と $Q(s)$ の部分でオブザーバを構成している．このとき，オブザーバとシステム P の部分に注目して，入力 $u(=\theta_e)$，外乱 d から出力 $y(=\theta)$ への伝達関数は次のように与えられる．

$$\frac{y}{u} = \frac{PC}{1-Q+QP_n^{-1}P+PC}, \quad (Q \to 1) \longrightarrow \frac{P_n C}{1+P_n C} \quad (4.45)$$

上の式は，ローパスフィルタとしての $Q(s)$ が1とみなせる周波数領域では，パラメータ変動によらず，システムはノミナルモデル P_n として振る舞うことを示している．

d から y への伝達関数は：

$$\frac{y}{d} = \frac{P(1-Q)}{1-Q+QP_n^{-1}P}, \quad (Q \to 1) \longrightarrow 0 \qquad (4.46)$$

また，上の式はローパスフィルタとしての $Q(s)$ が 1 とみなせる周波数領域では，外乱に対してシステムはまったく影響を受けないことを示している．

u から e への伝達関数は：

$$\frac{e}{u} = \frac{1-Q+QP_n^{-1}P}{1-Q+QP_n^{-1}P+PC}, \quad (Q \to 1) \longrightarrow \frac{1}{1+P_nC} \qquad (4.47)$$

ここで，$P(s)$ が簡単な二次で表わせる場合，$Q(s)$ は三次のローパスフィルタで与えられる．この $Q(s)$ はカットオフ周波数よりも低周波では 1 とみなせて，式 (4.44) から d が θ に影響を及ぼさないことが容易にわかる．また，$Q(s)$ が 1 とみなせるところでは，θ_e と θ 間の特性は望ましいノミナルモデルの $P_n(s)$ になることもわかる．

外乱オブザーバを用いたサーボ制御の一番大きな利点は，低周波域で完璧な受動的モデルマッチングができることであると考えられる．この受動的の意味は，乗算器などの演算によりパラメータを積極的に変えることをしないという意味合いである．これにより，システムは見かけ上線形システムのように動作することになり，非線形効果は表面にでない．理想的な積分も実現されて，外乱の影響もなくなる．積分の前の外乱にも効果がある．さらに，この目標値応答特性とは別にロバスト安定性が確保できる．応答特性が外乱オブザーバにより見かけのループゲインを高くしてくれるために，実際のループゲインを小さくすることができる．設計法として直感的にも理解しやすいのも長所と考えられる．外乱オブザーバの設計においても，オブザーバ極はシステムの極に対してある程度絶対値を大きく取る必要があるが，システムの極配置やシステムの高次特性，非線形性などにより左右されて，システムごとにある程度手探りで当たるしかない．

外乱として線形モデルからのずれとパラメータ変動をすべて含めて捉えると，外乱オブザーバを利用することにより，油圧サーボに特有の各種非線形性およびマニピュレータに特有の軸間の相互作用を補償できる可能性がある．また繰り返すが，この外乱オブザーバによる制御ではコントローラが比

較的計算量の少ない形で実現できることが強みである．外乱オブザーバによる実験的検討については，次の 4.5 節で，他の手法での結果とともに比較しながら示す．

4.4.3 外乱オブザーバの安定化制御器の設計

H_∞ 制御を用いて油圧サーボシステムのロバスト化を達成しようとしたときに問題となるのは，1 自由度制御系としてのスキームでは，目標値応答とロバスト安定化の両方の特性をよくすることには限界があるということである．低周波領域と高周波領域を別々に扱う混合感度問題として設計することができるが，もともと自由度は増えていないので，多少でも無理な条件では解が見つからないことになる．

ここで，2 自由度制御系のスキームを導入すると，フィードバックループとフィードフォワードループを設けることにより，二つの独立した設計パラメータを持つことができて，より設計自由度の広いロバスト化を達成できる可能性がある．ロバスト安定化の方はフィードバックループの設計パラメータにより，また目標値応答の方はフィードフォワードループの設計パラメータにより，系としてより高度なロバスト制御システムが構築できる可能性がある．

しかし，ここで問題なのは，どのようにしてそのパラメータを設計するかということである．自由度が増えるということは，それだけ最適な設計パラメータを決めにくいということにもなる．特に H_∞ 制御では，高周波領域でのロバスト安定化についての設計は得意であるが，逆にサーボシステムでの低周波領域における外乱除去特性，目標値応答特性については，重み関数としてサーボシステムに重要な積分特性を直接持たせられないというすっきりしない点がある．

外乱オブザーバは，もともと 2 自由度制御系のスキームを持つのであるが，ある意味で上記と同じようなことがいえる．H_∞ 制御とは，逆にサーボシステムでの低周波領域における外乱除去特性，目標値応答特性についてはもともとそれに適したスキームを持っている．しかし，オブザーバの安定化フィルタの設計がロバスト安定化を決める大きな要因になっているにもかかわらず，見通しのよい設計パラメータの決定方法がない．

著者らは，この点について，外乱オブザーバの低周波領域における外乱除去特性，目標値応答特性についてのスキームを維持したまま，安定化フィルタのロバスト安定性について，H_∞ 制御理論を利用してそのパラメータを決める手法が考えられるのではないかということで検討している．結果として，満足できる制御系を得ることができたが，2自由度制御系の設計法は，その自由度の故に対象が変われば，さらに幾つかの手法が考えられていくのではないかと思う．ここで述べるのは，特にサーボシステムに対して有効な方法であると考えている．

式(4.3)の1型ノミナルモデル $P_n = C_2/(s^2 + C_1 s)$ を用いたオブザーバによる外乱推定補償制御系は，前述の図4.24のような2自由度制御系となる．図4.24では1型ノミナルモデルの逆数を用いており，これがプロパーでない純粋な2階微分演算子を含むために，このままでは全体の制御系を内部安定にすることはできない．そこで，制御系を内部安定にするために安定化フィルタ $Q(s)$ が必要となる．これらは，同一次元オブザーバでは式(4.48)のように，また最小次元オブザーバでは式(4.49)のように表わされる．

$$Q(s) = \frac{k_3 C_2}{s^3 + (C_1 + k_2)s^2 + (k_1 + C_1 k_2)s + k_3 C_2} \tag{4.48}$$

$$Q(s) = \frac{l_1 C_2}{s^2 + (C_1 + l_2)s + l_1 C_2} \tag{4.49}$$

式(4.48),(4.49)で示されている安定化フィルタは，定常状態すなわち $s \to 0$ のとき $Q(s) \to 1$ であり，図4.24の制御系は定常状態ではノミナルモデルの理想的な動特性になることを示している．一方，ここで1型ノミナルモデルの逆数を P_n^{-1} とおき，図4.24の制御系をFF型の2自由度制御系に等価変換すると，図4.25のように表わすことができる．図4.25において，前置補償器 C_A とフィードバック制御器 C_B は，それぞれ以下のように表わされる．

$$C_A = -\frac{Q P_n^{-1}}{1 - Q} \tag{4.50}$$

$$C_B = \frac{1 + Q P_n^{-1}}{1 - Q} \tag{4.51}$$

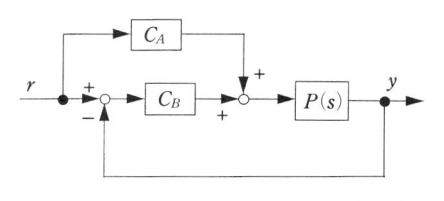

図 4.25 フィードフォワード型 2 自由度制御系

式 (4.50), (4.51) によれば，外乱推定補償制御系は，制御系自身が定常状態ではハイゲイン制御系となっていることがわかる．一方，外乱推定補償制御系の安定性を含むフィードバック特性は，C_B と $P(s)$ の積で示される開ループ特性で決まるため，制御系の安定性はフィルタ $Q(s)$ に大きく依存することがわかる．この安定化フィルタ $Q(s)$ は，自由パラメータとして知られており[4]，下記の条件を満たす限り，任意の設計自由度を持つ関数である．

$$Q(s) \in R_{s-}(s) \qquad （厳密にプロパーな関数） \qquad (4.52)$$

$$\frac{s^2 + C_1 s}{C_2} Q(s) \in R_-(s) \qquad （プロパーな関数） \qquad (4.53)$$

以上により，外乱推定補償制御系をロバスト安定にするためには，制御対象 $P(s)$ に対するモデル化誤差がある場合や，$P(s)$ がモデル変動を生じた場合でも図 4.25 の 2 自由度制御系がロバスト安定になるように，式 (4.52) および式 (4.53) を満たす自由パラメータ $Q(s)$ を設計する必要があるが，オブザーバによって構成された自由パラメータ（安定化フィルタ）式 (4.48) および式 (4.49) は，制御系のロバスト安定化を積極的に考慮して設計された関数ではないといえる．

4.4.4　安定化フィルタ $Q(s)$ の H_∞ 制御理論による導出

これまで述べたような条件を満たす自由パラメータ $Q(s)$ を設計するためには，今のところ H_∞ 制御理論を応用することが最適である[4]．H_∞ 制御理論によって導出される自由パラメータ $Q(s)$ は，式 (4.52) と式 (4.53) に対して十分条件となるものである．

H_∞ 制御理論により自由パラメータ，すなわち安定化制御器 $Q(s)$ を設計するためには，まずはじめに一般化プラントを設定する必要がある．ここでは図 4.26 に示すような一般化プラントを考える．図 4.26 で，一般的には W_1 は入力外乱の影響を抑圧し，定常偏差を 0 にするための外乱抑圧重み，W_3 はロバスト安定重みを意味する．1 型のノミナルモデルによるモデルマ

ッチング制御により定常偏差を0にすることを考えているので，本来的にはW_1は不要であるが，無限大の入力を許可しないという$H\infty$制御の可解条件を満たさなくなるので付け加えている．

$$P = \frac{2000}{s^2 + 130s} \tag{4.54}$$

$$P_n^{-1} = \frac{s^2 + 130s}{10^{-8}s^2 + 10^{-8}s + 2000} \tag{4.55}$$

$$W_1 = 0.001 \tag{4.56}$$

$$W_3 = \frac{20(s+1)}{s+20} \tag{4.57}$$

式(4.54)から式(4.57)までの関数はマニピュレータの第2軸に対応するものであり，式(4.54)は作動油の圧縮性やサーボ弁の動特性を無視した場合の第2軸の理論モデルであり，式(4.55)はモデルマッチングさせようとする理想的な1型ノミナルモデルの逆数である．ただし，そのまま1型ノミナルモデルの逆数としたのではプロパーでなくなり，MATLABで導出できないので，擬似的にプロパーな関数におき換えている．式(4.56)は外乱感度抑圧重みであるが，この場合1型ノミナルモデルへのモデルマッチングを考えているので，定数重みとしている．さらに，式(4.57)はロバスト安定化重みであるが，周波数特性の測定結果および図4.27に示す乗法的モデル変動の推定結果から，第2軸はおおよそ1Hz以上の周波数帯域で

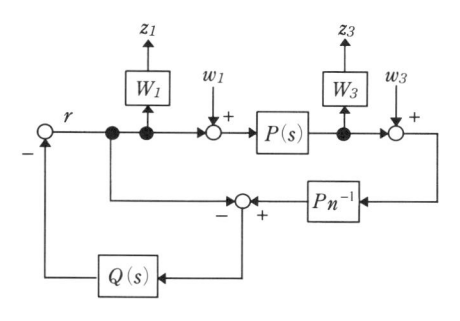

図4.26　一般化プラントのブロック線図

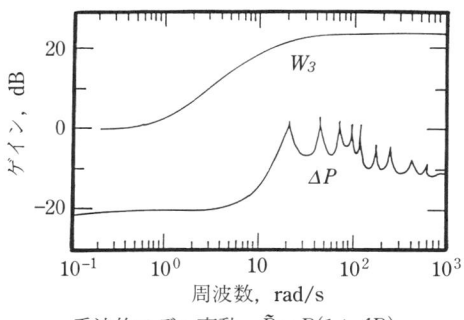

乗法的モデル変動　$\tilde{P} = P(1+\varDelta P)$

図4.27　周波数特性変動とロバスト安定化重み関数

モデル変動が生じていることが明らかとなっているので，式(4.57)に示す関数としている．

このモデル変動の定量的推定を前もってすることは，H_∞制御理論を用いるには必要不可欠であるが，現実的には，非線形性などで推定できない分の上積みをどの程度与えるかを決めることが重要となる．これらをもとにMATLABを用いて安定化フィルタ$Q(s)$を導出すると，以下の結果を得る．

$$Q(s) = 4.0 \times 10^{-4} \frac{(s+2.2)(s+138)(s+0.5\pm 4.47\times 10^5 j)}{(s+1.0)(s+4470\pm 4470j)(s+130)(s+47)} \tag{4.58}$$

これによると，1 rad/s から 1 000 rad/s の周波数帯域では約 $-20\,\mathrm{dB/dec}$，またそれ以上の周波数帯域では $-40\,\mathrm{dB/dec}$ の減衰特性を有しており，重み関数で設定した周波数範囲の減衰が顕著であることが確認できる．

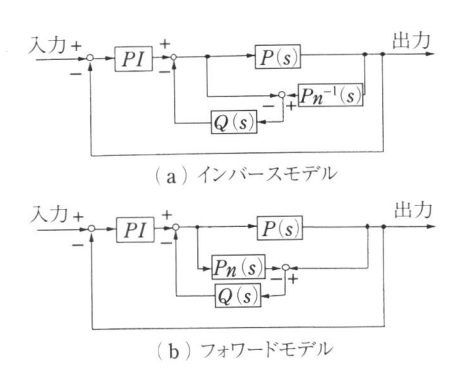

図4.28 外乱オブザーバのインバースモデルとフォワードモデル
（a）インバースモデル
（b）フォワードモデル

また，最近著者が経験したことでは，外乱オブザーバの重要な構成要素である，プラントのノミナルモデルが今までは図4.28のようにインバースモデルが一般化プラントに組み込まれていた．この一般化プラントにおいて，フォワードモデルにすることにより，MATLABのプログラムを用いた計算で，同じシステム，同じ重みに対して，インバースモデルでは解が求められない場合にもフォワードモデルでは求められる場合があることがわかった．これにより，より重みの厳しい範囲でも解が求めうることになる．この外乱推定補償H_∞安定化制御による実験的検討については，前節に述べたのと同様に，次節で他の手法での結果とともに比較しながら示す．

4.5　実験を通してのロバスト制御手法の比較と評価

ここでは，6軸油圧シリアルマニピュレータに対して，著者らがこれまで

4.5 実験を通してのロバスト制御手法の比較と評価

に適用の検討をしてきた以下のロバスト制御手法,
（1）オブザーバによる外乱推定補償制御[5]
（2）スライディングモード制御[6]
（3）1自由度 H_∞ 制御[7]
（4）外乱推定補償の H_∞ 安定化制御[8]

表 4.2 PI-D パラメータ

実験対象軸	K_p	T_i	K_D
第 2 軸	5 000	300	2
第 3 軸	3 000	500	3

について，ロバスト性の評価項目を実際に使用されている状況を考慮して定め，この評価項目に従って各制御手法の比較を試みる．ここで，評価の対象とする制御手法は，図 4.5 にブロック線図を示した従来から適用されてきている1自由度微分先行形 PID 制御（以下，PI-D 制御と記述する）とする．用いる PID パラメータは表 4.2 のとおりである．

4.5.1 ロバスト性評価項目

ここでは，ロバスト性能を客観的に評価するために下記の項目を設ける．

- 評価項目 1（ステップ入力）：基準姿勢のマニピュレータについて，ステップ振幅を 0.1 rad および 1×10^{-3} rad＝1 mrad に変えたときの応答を比較する．

  評価項目 1-1：先端無負荷の状態で評価する．

  評価項目 1-2：先端に 49 N（5 kg）の負荷を加え，評価項目 1-1 と同条件で比較する．

  （干渉制御）同時に，この評価項目においてステップ振幅 0.1 rad の第 2 軸ステップ応答実験における第 3 軸の挙動を観察し，軸干渉入力に対するロバスト性も併せて比較する．

- 評価項目 2（ランプ入力）：先端無負荷の状態で，0.1 rad/s と 0.05×10^{-3} rad/s＝0.05 mrad/s のランプ入力に対する応答を比較する．

- 評価項目 3（軌跡精度）：マニピュレータ先端部に半径 17 cm の円軌道を斜め 45°の平面内で描かせ，そのときの軌跡精度を比較する．

  評価項目 3-1：先端無負荷の状態で評価する．

  評価項目 3-2：先端に 49 N（5 kg）の負荷を加える．

- 評価項目 4（外乱入力）：システムの前段に用いている，サーボ弁の定格

電流(30 mA)の5％に相当するステップ状の外乱入力を加え，そのときの外乱抑圧特性を比較する．
- 評価項目5(パラメータ変動)：システムの比例ゲインを変化させてステップ振幅0.1 radのステップ応答実験を行ない，そのときの安定性を評価する．
- 評価項目6(非線形)：サーボ弁の不感帯を15％と大きくとる．

このうち，評価項目1，および評価項目2については，入出力精度に関するロバスト性を評価するための項目であり，微小入力はスティックスリップなどの非線形な外乱入力に対するロバスト性を評価するための項目である．評価項目3は，慣性モーメント変動に対するロバスト性の評価項目，評価項目4はサーボ弁の中立点ズレやサーボアンプのオフセットに対する評価するための項目である．また，評価項目5は，供給油圧の圧力変動など，システムゲイン変動に対する安定性を評価するための項目である．

4.5.2 実験装置

設計したコントローラの効果を確認するための実験装置の説明を簡単に行なう．実験において，姿勢変化や先端負荷変化に対するロバスト性を確認するために，油圧マニピュレータの6軸すべてに対して得られたコントローラを用いている．軌跡制御実験は，図4.2のようにマニピュレータの原点座標を第1軸の旋回中心とし，先端部分が空間で斜め45°の平面内で先端部分が円弧軌道を描くように指令を与え，角速度を変化させたときの絶対位置精度を比較する．円弧を描かせるためには6軸すべての演算操作が必要であるが，目標とする軌道から逆運動学により各軸の位置指令値を算出し，これをコントローラへの入力とする．

各関節軸には，位置検出器として1回転当たり32 000パルスを出力するロータリーエンコーダが取り付けられている．実際の制御に当たっては，これを4逓倍して使用している．また，実験で使用したCPUはIntel‐Pentium(120 MHz)であり，軌跡制御における6軸分の逆運動学演算を含めて，演算と制御入・出力に必要な時間は，サンプリング時間の0.5 ms以内に収まっている．

4.5　実験を通してのロバスト制御手法の比較と評価　*109*

(a) 1自由度 PI-D

(b) 1自由度 H_∞ 制御

(c) スライディングモード制御

(d) 外乱推定補償制御

(d) 外乱推定補償 H_∞ 安定化制御

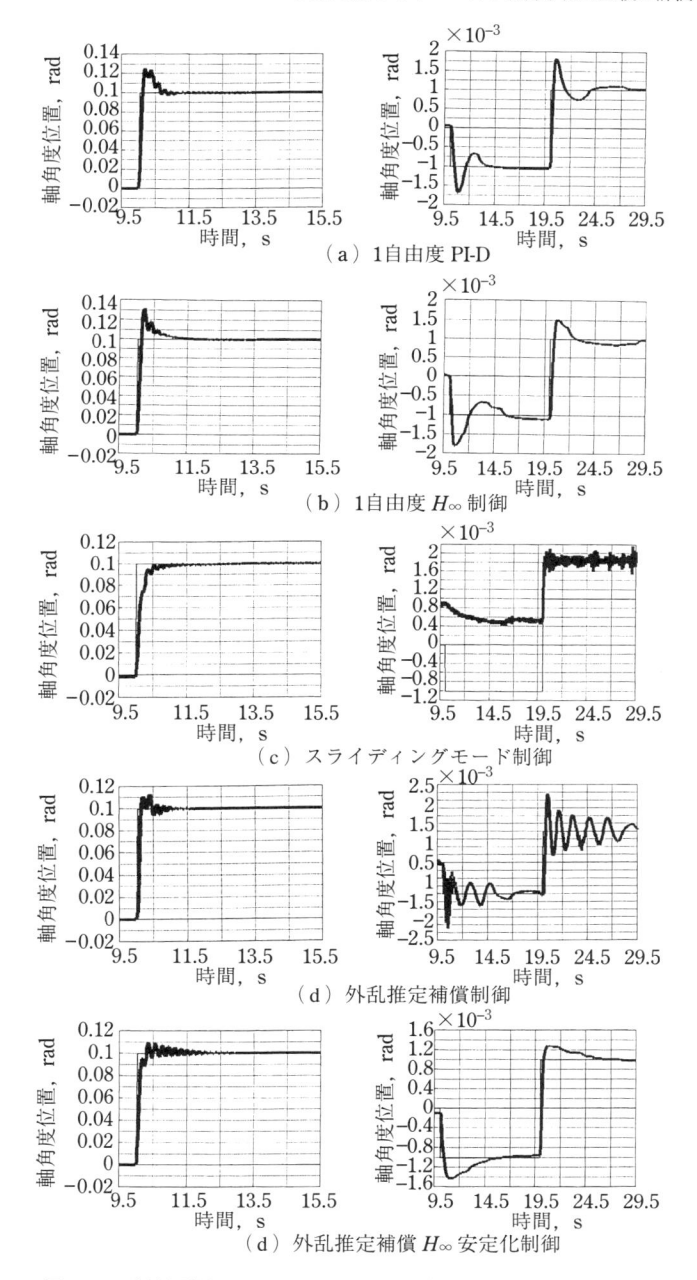

図 4.29　評価項目 1 によるロバスト性評価 (第 3 軸)：先端無負荷

4.5.3 ロバスト性評価項目に基づく実験結果

ここでは，すべての実験結果を示すことはできないが，評価項目 1-2 および評価項目 2 の微小入力に対する実験結果と評価項目 4, 5, 6 の一部の結果を以下に示す．

図 4.29 は，評価項目 1-2 における実験結果を示しており，これによるとスライディングモード制御を除いて，すべて安定した良好な結果が得られている．スライディングモード制御では，先端部無負荷の状態では良好な結果を示しているが，先端部に 5 kg のエンドエフェクタを取り付けることで偏差が生じている．一方，外乱推定補償の H_∞ 安定化制御を適用した場合は，目標入力にほぼ一致した応答が得られており，目標値追従特性，フィードバック特性ともに最もロバストであることが確認できる．また，図 4.30 には評価項目 2 の微小ランプ入力 0.05 mrad/s に対する応答結果を示す．図 4.30 によれば，外乱推定補償の H_∞ 安定化制御を適用した場合を除き，いずれも目標入力を境に振動的な応答を示しており，速度が極端にゆっくりとした場合の静止摩擦，クーロン摩擦による負減衰領域におけるスティックスリップの影響を受けている．ここでも，外乱推定補償の H_∞ 制御は中でも比較的安定した応答を示していることがわかる．

これらより，評価項目 1-2, 評価項目 2 に基づく実験結果から，総合的に外乱推定補償の H_∞ 安定化制御は，負荷変動に伴う慣性モーメント変化，非線形な摩擦外乱が存在する中での目標値追従特性，フィードバック特性に関して，最もロバストであることがわかる．

次に，評価項目 1-2 のうち，第 2 軸動作時の第 3 軸の挙動を評価し，軸干渉入力に対するロバスト性を検討した．実験結果を図 4.31 に示す．図 4.31 は，1 自由度 PI-D 制御を除いて，すべて軸干渉入力の影響をよく抑圧しており，ロバストであることが確認できる．したがって，これらのロバスト制御手法を多関節型マニピュレータの各軸に独立して適用することにより非干渉化が可能である．

図 4.32 は，システム前段に入力されたステップ状の外乱入力に対する応答結果を示している．ステップ高さはサーボ弁定格電流の 5% に相当するもので，通常想定し得る最大値である．図 4.32 よりスライディングモード

4.5 実験を通してのロバスト制御手法の比較と評価

(a) 1自由度 PI-D

(b) 1自由度 H_∞ 制御

(c) スライディングモード制御

(d) 外乱推定補償制御

(d) 外乱推定補償 H_∞ 安定化制御

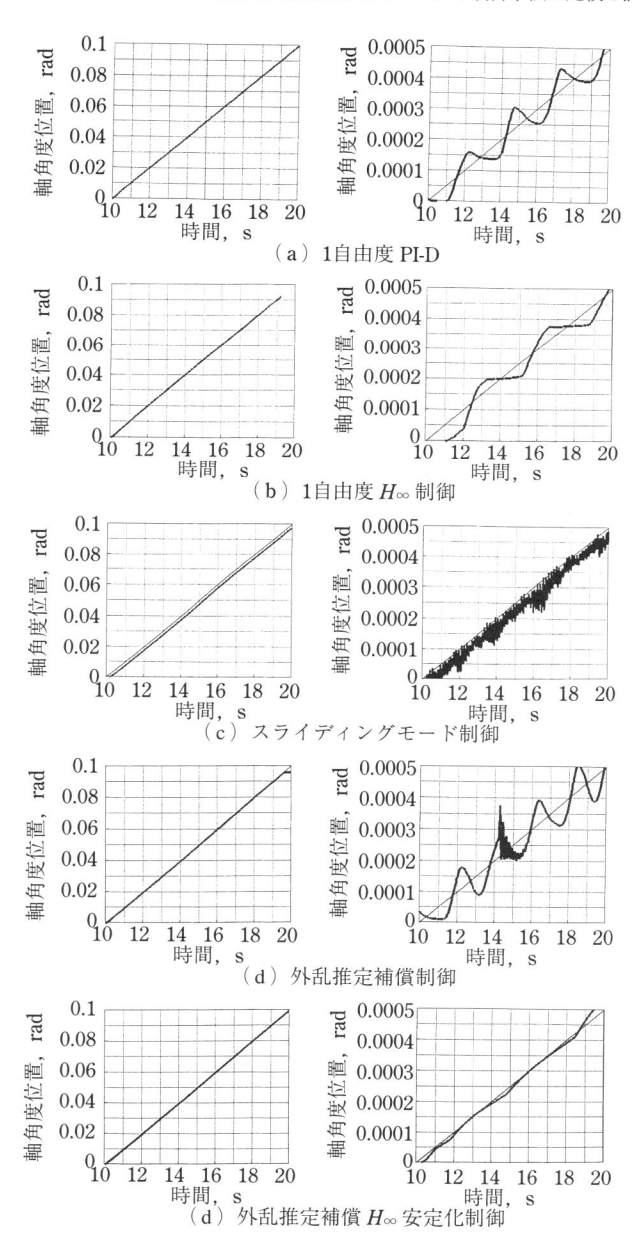

図 4.30 評価基準2によるロバスト性評価 (第3軸)

(a) 1自由度 PI-D

(b) 1自由度 H_∞ 制御

(c) スライディングモード制御

(d) 外乱推定補償制御

(d) 外乱推定補償 H_∞ 安定化制御

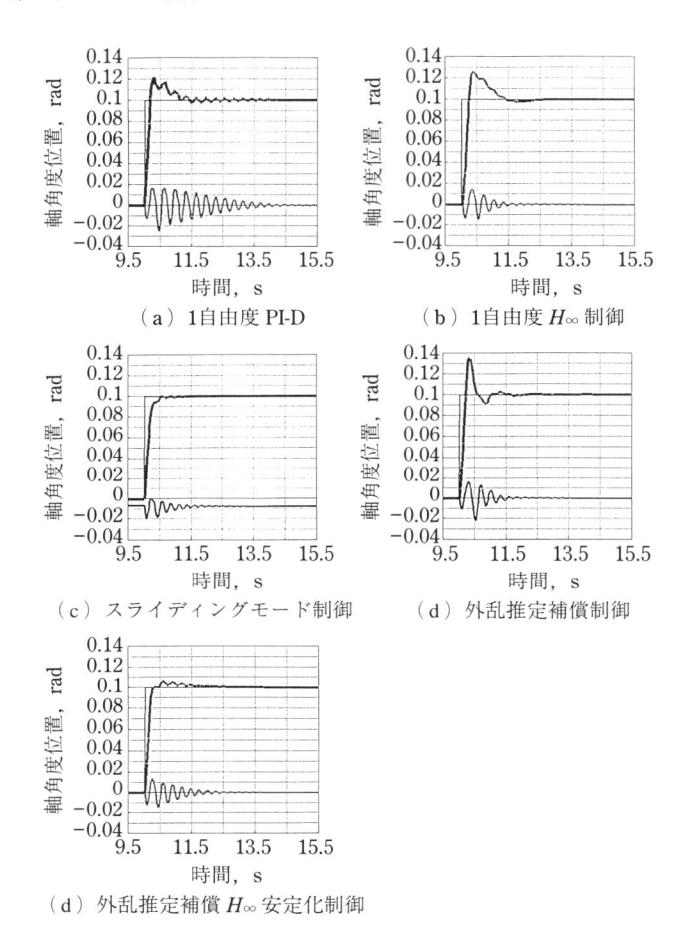

図 4.31　第 2 軸ステップ応答実験時の第 3 軸の挙動

制御を除いてステップ状の外乱入力をよく抑圧しており，ロバストであることが確認できる．スライディングモード制御については，基本的にシステム前段に入力される外乱に対してはロバストでなく，通常ディザ入力を重畳させることで抑圧できるが，逆にスピルオーバのように制御対象の高次振動モードを励起させやすくなることが問題である．この場合でもディザ信号入力を重畳させることである程度偏差は小さくできるが，完全に抑制することはできない．

4.5 実験を通してのロバスト制御手法の比較と評価　113

（1）1自由度 PI-D 制御

（2）外乱推定補償制御

（3）外乱推定補償 H_∞ 安定化制御

（4）1自由度 H_∞ 制御

（a）

（1）スライディングモード制御（ディザなし）

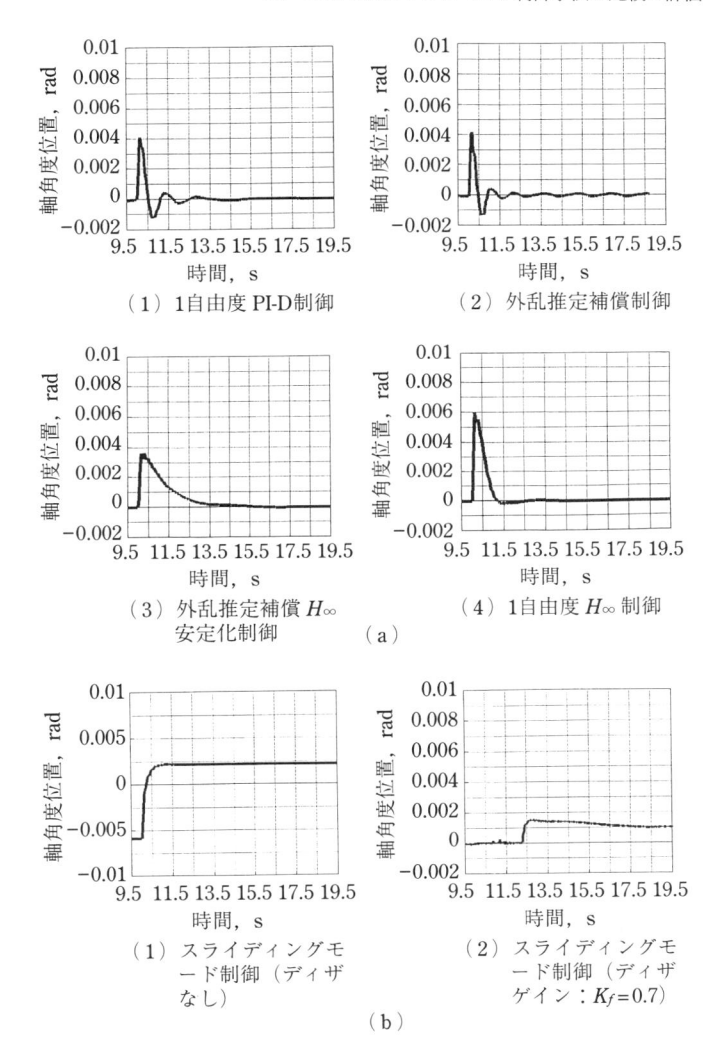

（2）スライディングモード制御（ディザゲイン：$K_f = 0.7$）

（b）

図 4.32　ステップ状の外乱入力に対する応答

図 4.33，図 4.34 は評価項目 5 における実験結果である．評価項目 5 において，スライディングモード制御は他の制御手法に比較して安定な結果が得られなかったので，ここでは省略している．2 自由度制御系と 1 自由度制御系に分けて，図 4.33 は 2 自由度制御系の結果を，また図 4.34 は 1 自由度

(1) $C_2 = 750$ (2) $C_2 = 1\,000$

(3) $C_2 = 1\,500$

(a) 外乱推定補償制御

$Pn = C_2/(s^2 + C_1 s)$ 公称値：$C_1 = 130$, $C_2 = 2\,000$

(1) $C_2 = 750$ (2) $C_2 = 1\,000$

(3) $C_2 = 1\,500$ (4) $C_2 = 2\,000$

(b) 外乱推定補償 H_∞ 安定化制御

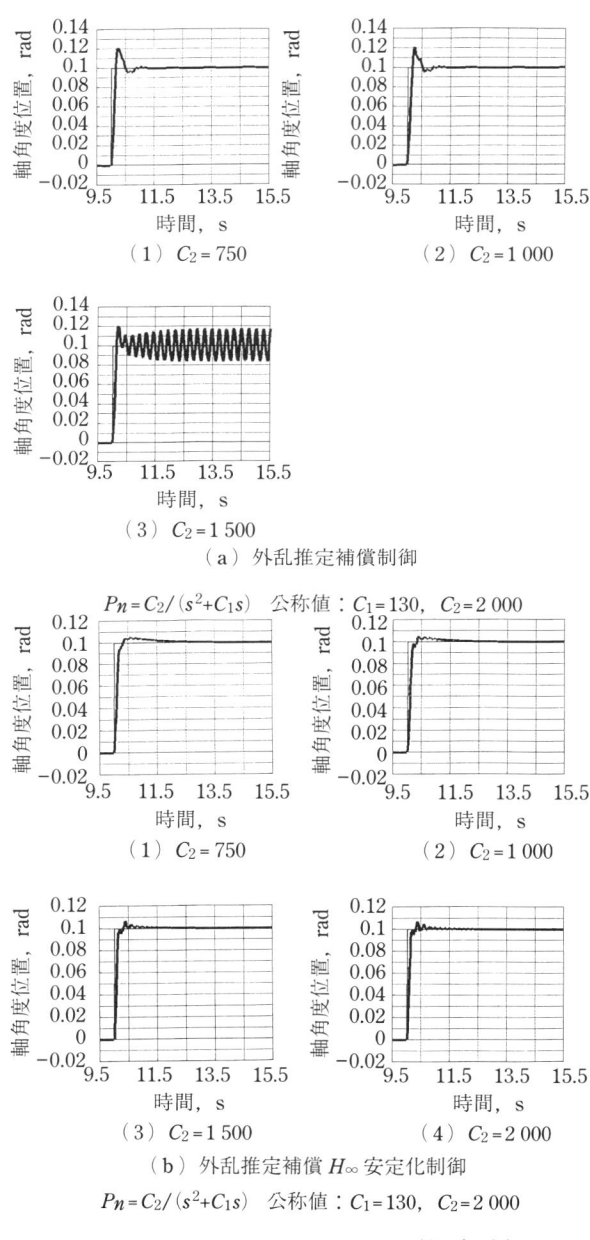

$Pn = C_2/(s^2 + C_1 s)$ 公称値：$C_1 = 130$, $C_2 = 2\,000$

図 4.33　評価項目 5 によるロバスト性評価 (1)

4.5 実験を通してのロバスト制御手法の比較と評価　115

(1) $C_2 = 750$

(2) $C_2 = 1\,000$

(3) $C_2 = 1\,500$

(4) $C_2 = 2\,000$

(a) 1自由度 PI-D 制御

$P_n = C_2/(s^2 + C_1 s)$　公称値：$C_1 = 130,\ C_2 = 2\,000$

(1) $C_2 = 750$

(2) $C_2 = 1\,000$

(3) $C_2 = 1\,500$

(4) $C_2 = 2\,000$

(b) 1自由度 H_∞ 制御

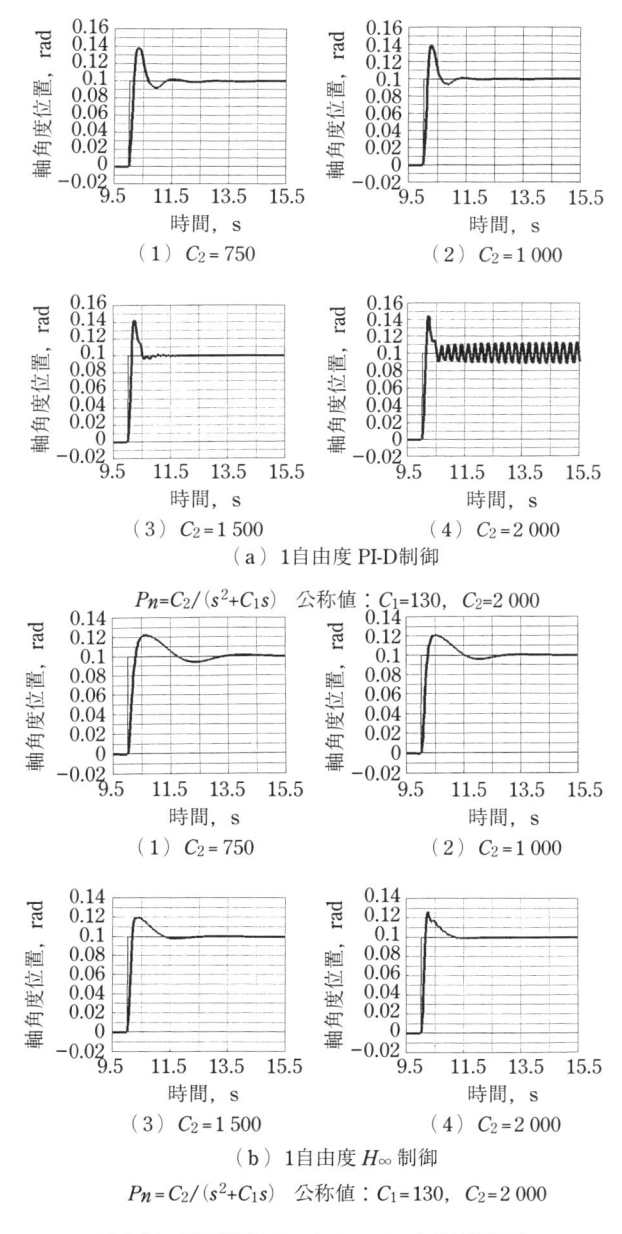

$P_n = C_2/(s^2 + C_1 s)$　公称値：$C_1 = 130,\ C_2 = 2\,000$

図 4.34　評価項目5によるロバスト性評価 (2)

(a）1自由度 PI-D

(b）1自由度 H_∞ 制御

(c）スライディングモード制御

(d）外乱オブザーバ

(e）2自由度 H_∞ 制御

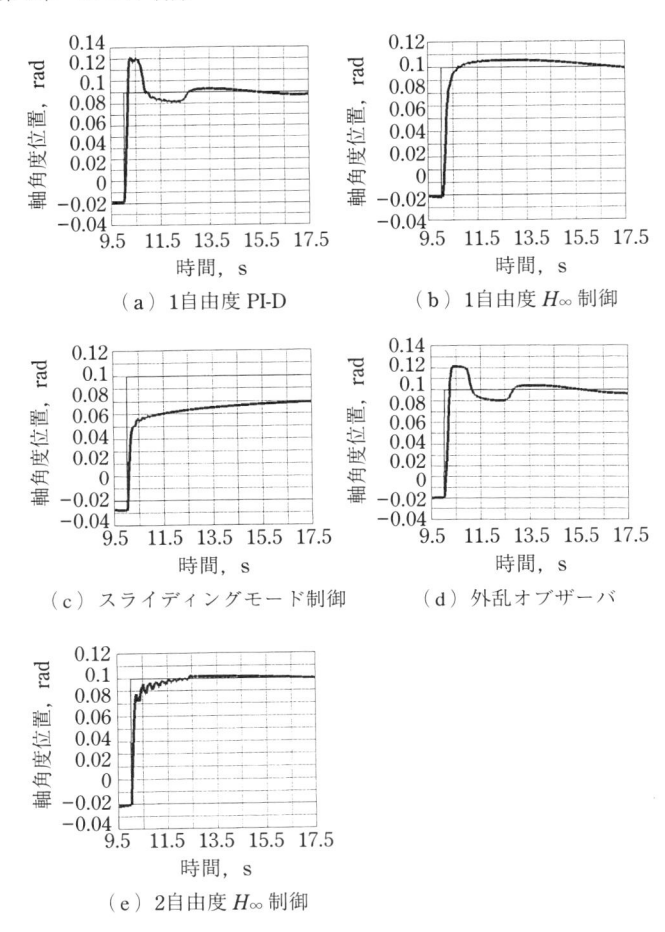

図 4.35　不感帯に対するロバスト性（±15％ オーバーラップサーボ弁）

制御系の結果を示している．図 4.33 は，モデルマッチングさせるノミナルモデルを式(4.54)とし，システムゲインを $C_2=1\,000$ から，ノミナルモデルと同じ $C_2=2\,000$ になるまで比例ゲインを変化させたときの結果である．明らかなように，オブザーバによる外乱推定補償制御では $C_2=1\,500$ の状態で不安定になっており，4.2.3 項で述べたことを裏づける結果となっている．しかも，目標値追従特性についても，外乱推定補償の H_∞ 安定化制御は行き過ぎ量も抑えられてノミナルモデルの動特性によく一致しており，良好な

結果を示している．図 4.34 においても，PI-D 制御では $C_2=2\,000$ で不安定になっているのに対し，H_∞ 制御では安定性が失われることはない．しかし，1 自由度の H_∞ 制御系では，意図的にモデル変動が生じる高周波数領域のゲインを抑制しているために目標値追従性（速応性）は多少損なわれる．したがって，目標値追従性と安定性に代表されるフィードバック特性を両立させるためには，2 自由度制御系とすることが望ましい．この点からも，外乱推定補償の H_∞ 安定化制御の有効性が確認できる．

図 4.35 に，サーボ弁の不感帯を 15％ と大きくとったときの結果である．非線形に対しても，同様の傾向が見え，ここでも外乱推定補償の H_∞ 安定化制御の有効性が確認できる．

4.6 おわりに

　油圧におけるロバスト制御では何が重要かというと，どの制御手法が油空圧向きで効果的かを同じ土俵で定量的に評価すること，そのコントローラ設計法を使いやすい方法で提供できるかどうかということである．これを行なうためには，どのような油圧システムが先端制御を必要としているかを見極める必要がある．その共通の認識に立って，各種の先端制御の適用を試みて，その得失を多面的に明らかにする必要がある．例えば，コントローラの設計のしやすさ，コントローラのコスト，制御効果などについて評価をする必要がある．

　この場合にも重要なことは，先端制御が不必要なシステムに対して，評価をしても何も得られない．例えば，慣性などの負荷が変動しない，管路も短く，それほど高応答が要求されないサーボ弁による単純な油圧サーボシステムの制御に先端制御を駆使しても得るものはそう多くはない．幾つかの複数の典型的な制御がやりにくいシステムに対して，評価モデルを選定する必要がある．基本的には，あくまでも油空圧サーボにきく制御器が望ましいわけで，制御手法の種類に対するこだわりはない．また，手法も応用を考えた場合は，一貫したもののハードウェアへの適用は可能ではなくて，使用者によるプラスアルファが要求される．そこがエンジニアのおもしろさといえる．

　従来の閉ループ系の延長ではなくて，ニューロの応用，ファジィ制御が考

えられるが，ただし，ニューロ制御，ファジィ制御については，油圧サーボに関する限り余り使いたくない．一つには，簡単に動くが，設計のクライテリオンが曖昧であること，また，サーボ自体，広い意味の制御システムにおいては下位の層に属するコンポーネントであり，そういう意味では著者はどうしても用いないと逃げがない場合に用いるべきものと考えている．

　油圧への制御手法の研究は，電動機に対するものに比べて企業ベースで余り活発ではないように感じられる．制御に力を入れれば，油圧制御の優位性を発揮できる場面は多いと思われるが．最近，単純適応制御(SAC)のコントローラの話を聞く機会があった．油圧サーボに応用したコントローラの実例を見る限りすばらしいものである[9]．

　頁数の関係もあり，式の誘導など省略せざるをえなかったが，詳しいこと，あるいはさらに深く学びたい方は参考書を参照されたい[1,8,10~27]．今後，油圧に向くロバストコントローラがどんどん実用化されていくことを期待したい．最後に，本章の執筆に当たり，山本敏郎氏に図などの提供を受けたことを記して謝意を表する．

参考文献

1) 美多　勉：$H\infty$ 制御，昭晃堂(1994)．
2) V. I Utkin："Variable Structure System with Sliding Mode", IEEE Trans. on AC, Vol. AC-22 (1977) pp. 212-222.
3) J-J E. Slotine & W. Li：Applied Nonlinear Control, Prentice Hall (1991)．
4) システム制御情報学会編：制御系設計($H\infty$ 制御とその応用)，朝倉書店．
5) 山本敏郎・横田眞一：「油圧マニピュレータの高精度位置決め制御」，日本機械学会編文集(C編)，**61**, 585 (1995) pp. 227-232.
6) 山本・横田・田村：「配電作業用電気油圧マニピュレータの高精度制御―スライディングモード制御による6軸油圧マニピュレータの軌跡制御―」，日本機械学会論文集(C編)，**62**, 594 (1996) pp. 577-584.
7) 山本・横田・田村：「電気油圧マニピュレータの高精度制御，$H\infty$ 制御による6軸マニピュレータのロバスト制御」，油圧と空気圧，**28**, 1 (1997) pp. 99-107.
8) 山本敏郎・横田眞一：「二自由度モデルマッチング制御における安定化制御器の $H\infty$ 制御理論による設計(油圧マニピュレータの各軸のロバスト設計法)」，日本機械学会文集(C編)，**64**, 617 (1998) pp. 177-184.
9) 京和泉宏三：「空気圧サーボに導入が期待される単純適応制御」，フルイドパワーシステム，**30**, 3 (1999) p. 226.
10) 原　辰次：「$H\infty$ 制御によるサーボ系の設計」，SICE基礎講習会テキスト，計測自動制御学会(1991) p. 49.

11) 大西:「外乱オブザーバによるロバスト・モーションコントロール」, 日本ロボット学会誌, **11**, 4 (1993) pp. 6-13.
12) 原島・橋本:「Sliding Mode とその応用-I」, システムと制御, **29**, 2 (1985) pp. 94-103.
13) ミニ特集, ロバスト制御―$H\infty$制御を中心にして―, 計測と制御, **29**, 2 (1990).
14) 山本敏郎・横田眞一・田村 尉:「配電工事用油圧マニピュレータの高精度制御;第3報」, 油圧と空気圧, **25**, 1 (1994) pp. 113-117.
15) G. Zames: "Feedback and Optimal Sensitivity", IEEE Trans. on Automatic Control, vol. AC-36-2 (1981) p. 585.
16) H. Ohnishi et al.: "Manipulator System for Constructing Overhead Distribution Lines", 1992 IEEE/PES Winter Meeting, 1992 WM 254-3 PWRD, New York.
17) 日本 IERE 会議;活線保守作業用ロボット技術報告会資料 (1988).
18) 横田・森本・虎谷:「配電工事用油圧マニピュレータの高精度制御;第1報」, 油圧と空気圧, **25**, 1 (1994) pp. 113-117.
19) 横田・三橋・虎谷・山本:「配電工事用油圧マニピュレータの高精度制御;第2報」, 油圧と空気圧, **25**, 6 (1994) pp. 94-100.
20) 山本・横田:「油圧マニピュレータの高精度位置決め制御」, 日本機械学会論文集(C編), **61**, 585 (1995) p. 1981.
21) 原島・橋本:「Sliding Mode とその応用-I」, システムと制御, **29**, 2 (1985) pp. 94-103.
22) 山本・横田・田村:「配電工事用油圧マニピュレータの高精度制御;第3報」, 油圧と空気圧, **25**, 1 (1994) pp. 113-117.
23) 山本・横田・田村:「電気油圧マニピュレータの高精度制御, 外乱オブザーバを用いたモデルマッチング2自由度制御による6軸電気油圧マニピュレータの軌跡制御」, 油圧と空気圧, **28**, 1 (1997) pp. 108-115.
24) 梅野・堀:「2自由度制御系のパラメトリゼーションに基づくロバストサーボ系の設計」, 電気学会論文集(D), **109**, 11 (1989) pp. 825-832.
25) D. C. Youla, H. A. Jabr & J. J. Bomgiorno Jr.: "Modern Wiener-Hopf Design of Optimal Controllers; Part 2", IEEE Trans. on Automatic Control vol. AC-21 (1976) pp. 319-338.
26) 山本敏郎・横田眞一・田村 尉:「6軸油圧マニピュレータのロバスト制御に関する研究(各ロバスト制御手法の実験的比較)」, 日本機械学会論文集(C編), **64**, 620 (1998) pp. 1312-1319.
27) 安 耿寛・山本敏郎・尾関倫彦・横田眞一:「6軸電気油圧マニピュレータのコンプライアンス制御」, 日本機械学会論文集(C編), **64**, 624 (1998) pp. 3019-3025.

第5章 油圧システムのニューラルネットワーク制御

5.1 制御技術の変遷

　最近のシステムや機器は複数の要素で構成され，所定の目的のもとに各要素の動作を調整したり，情報の加工を行なっている．このように，ある目的に適合するように，対象となっているシステムや機器に所要の操作を加えることが制御である．制御系の基本構成は図5.1に示すように，制御装置と制御対象から構成される．

　制御装置は制御命令を入力し，所定の操作を制御対象に与えるための制御演算を行なうが，制御の各段階を定められた順序や条件に従って逐次進めていくシーケンス制御と，制御量をできるだけ正確に制御命令(目標値)に一致させる定量的な制御がある．定量的制御はさらに下記に分類される．

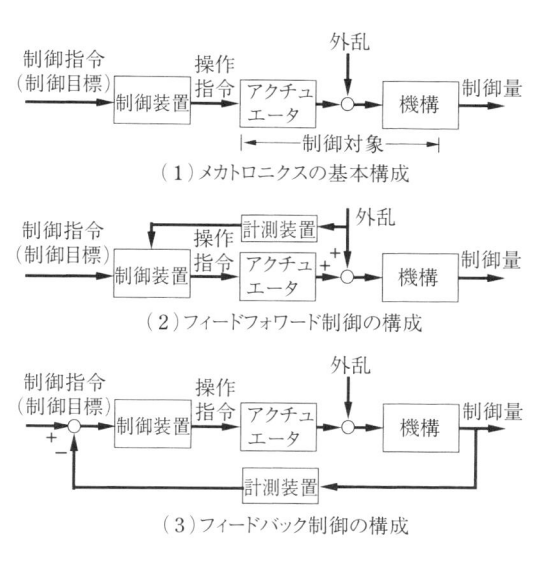

図5.1　制御系の基本構成

（1）メカトロニクスの基本構成

（2）フィードフォワード制御の構成

（3）フィードバック制御の構成

(1) フィードフォワード制御

制御対象に加わる外乱が計測あるいは推定できるとき，これを制御装置に加え，外乱で変化する制御量への影響を打ち消す制御，および制御命令の変更による操作量の修正を即応的に行なうための制御．

(2) フィードバック制御

制御量と制御命令(目標値)を比較し，一致させるように操作量を修正する制御．

このような制御の基本的な目的は
① 制御系が安定に動作すること
② 制御命令や外乱が変化した後，時間が十分経過した定常状態で，目標値と制御量の差(定常偏差)が0となること
③ 制御命令や外乱が変化した過度状態で，発生した制御偏差を速やかに減少し，過大制御偏差の発生を少なく，しかも速やかに減衰させること

にある．

このような目的を満足する制御装置は，制御対象の数学モデルをもとに制御理論を適用して設計される．しかし，数学モデルは制御対象の現象を近似的に表現したものであり，実際の現象に対しモデル化誤差を内蔵している．また，制御対象の実現象は複雑で，モデル化が困難な現象もある．

そのため，図5.2に示すような過程で制御理論のみならず計測技術，制御ロジックの開発および実用化が図られてきた．主な制御系設計理論とモデル化技術をまとめたものが表5.1である．

PID制御で代表される古典制御は，制御偏差の比例，積分，微分演算により操作量を決定する制御理論である．周波数安定性や時間応答波形から各演算ゲインを決定する．この理論は基本的には，1入力1出力系を対象とした理論で，最近の多入力多出力系に適用する場合は工夫を要する．

最適制御で代表される現代制御理論は，古典制御で課題であった多入力・多出力系の制御に対し，数学的観点から厳密に設計する理論である．制御対象のモデルを状態方程式と呼ぶ微分方程式で表わし，所定の評価関数のもとに制御量の時間応答の最適化を図る理論である．操作量は，制御偏差や制御

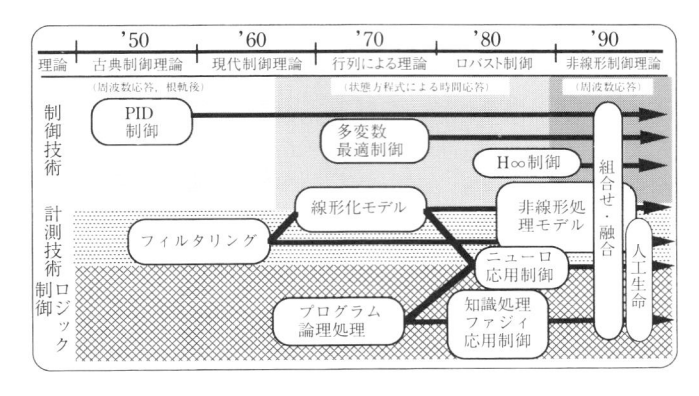

図5.2　制御技術のトレンド

表5.1　制御系設計理論とモデル化技術

設計理論，モデル	信号の入出力関係 $F(X)$	使用上の課題
古典制御 （PID制御）	制御量偏差の比例，積分，微分値 周波数安定性，時間応答波形からゲインを決定	多入出力系への適用
最適制御 （LQS）	状態量偏差の比例値 制御評価（時間積分値）の最適化からゲイン決定	状態方程式，評価関数，定常偏差
ロバスト制御 （H_∞制御）	状態量偏差の比例，積分，微分値 外乱，モデル誤差の周波数特性からゲイン決定	外乱，モデル誤差の周波数特性
数学モデル	状態量と操作量との関数関係 理論式（逆モデル），状態方程式，回帰式など	モデル精度，演算時間など
ファジィモデル	状態量の大きさ，条件によるルール 多変数間の調整，ノウハウの利用	ルールの作成
ニューロモデル	状態量と操作量との因果関係 入・出力データの利用，多変数系	教師データ

対象の内部状態量の計測値あるいは推定値を用い，その値と各状態量に対する最適ゲインとの積和演算で決定される．制御偏差に対する積分動作がないため，定常偏差を減少させるための制御を別途考慮する必要がある．

　H_∞制御で代表されるロバスト制御は，現代制御理論で考慮されなかった外乱制御性，モデル誤差，制御対象のパラメータ変動などを反映した設計理論で，外乱やモデル誤差の周波数特性から設計する．そのため，外乱やモデル誤差の周波数特性を把握することが設計上の課題となる．

　以上は，制御対象を線形関係で近似した状態方程式や伝達関数（周波数応

答関数)で表わし,数学的論理により設計する理論であるが,実際の制御対象は制御量,操作量,状態量の関係が非線形であったり,数学モデルとして表現困難な場合が多い.そのため,表5.1の下段に示した状態量と操作量との関係を非線形な関数関係で表現する数学モデル

① 人間の知識や論理をルールとして表現するファジィモデル
② 状態量や操作量などパラメータ間の因果関係を学習して,複数の入力パラメータと出力パラメータとの関係をネットワークで表現するニューラルネットワークモデル

が適用されるようになった[1].

5.2 ニューラルネットワーク応用制御技術の背景[2~4]

制御対象をモデル化し,数学的に制御装置の設計を行なう制御理論の適用が制御性能の向上に貢献してきた.しかし,応答性や精度の面で人間の瞬間的判断やきめ細かな操作にはかなわず,完全な自動化を実現するには制御理論のみでは困難な状況にあるといえる.そのため,複雑な操作や自動化が困難な制御対象では人間の手動介入に頼ることが多い.このような人間の運転操作を学習させ,人間の知識や経験を反映した知識制御,知能制御が,自動化範囲の拡大,制御のさらなる高度化の点から進展している.

知識処理の応用は1980年代前半から盛んになり,「if～then～」ルールで表わされるルールベース制御として発展した.しかし,経験則をルール化するのに多大な労力を必要とし,またルールの融通性が低いことから,技術的発展が鈍化した.このルールベース制御に代わって登場したのが,人間の持つ定性的かつ曖昧な判断をルールとして表現するファジィ論理の適用である.多変数制御系における操作量間の調整や,制御変数間の重み付け調整などに効果があり,種々の応用展開が図られるようになった.しかし,人間のパターン的状況判断や定性的直感能力をファジィ処理のみで模擬することは困難で,パターン的判断処理が可能なニューラルネットが応用されるに至った.

5.3 ニューラルネットワークの構造と特徴[5]

ニューラルネットワークは,生体の神経回路網を模擬し,ニューロンの情

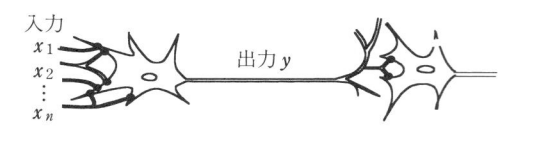

図5.3 ニューロン

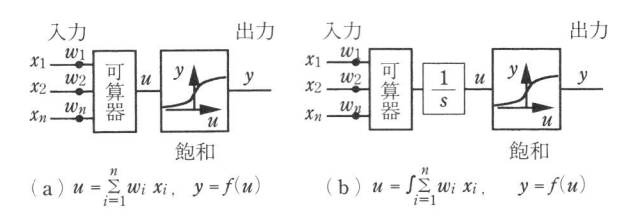

図5.4 ニューロンモデル
(a) $u = \sum_{i=1}^{n} w_i x_i$, $y = f(u)$
(b) $u = \int \sum_{i=1}^{n} w_i x_i$, $y = f(u)$

報処理メカニズムを応用して，入力と出力との因果関係を定性的・感覚的に処理する表現法といえる．

ニューロンは，図5.3に示す構造となっており，細胞体のまわりに樹状突起と呼ばれる信号入力端子と索という信号出力端子がある．索の先端は幾つかの枝に分かれ，その枝の先端が他の細胞の樹状突起に近接し細胞間の情報伝達部位であるシナプスを形成している．シナプスにより伝達された信号は細胞体内で集積され，ある信号レベルを越えると軸策を経由して他の細胞に出力信号を伝達する．シナプスでの信号伝達は興奮状態，抑制状態で伝達効率が異なり，この状態が記憶となる．

マッカロとピッツは，1943年に神経細胞の信号伝達動作をモデル化し，図5.4(a)の表記を行なった．この信号伝達動作を数学的にモデル化すると下記式で定義される．

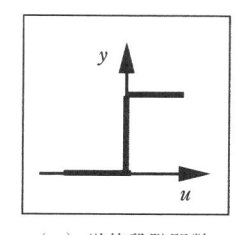

$$x_i(t+1) = y_i(t) = f[\Sigma w_{ij} x_j(t) - \theta] \quad (5.1)$$

ここで，$x_j(t)$ は時刻あるいは層 t におけるニューロン j からの入力状態(すなわちニューロン j の出力状態)で，$[0, 1]$ の状態をとる．$y_i(t)$ はニュー

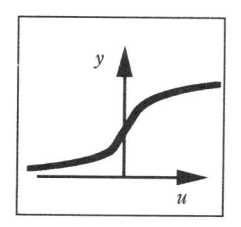

(a) 単位段階関数　(b) シグモイド関数

図5.5 飽和関数

ロン i の出力であり，時刻あるいは層 $(t+1)$，すなわち次のステップにおける入力状態 $x_i(t+1)$ を表わす．w_{ij} はニューロン j からニューロン i へのシナプス結合を表わし，信号伝達の結

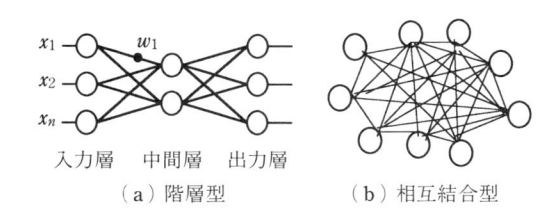

図5.6 ニューラルネットワークモデルの構成

(a) 階層型　　(b) 相互結合型

合度（重み係数）を示す．関数 $f[\cdot]$ は変換関数と呼ばれ，当初，図5.5(a)に示す単位階段関数（・$\geqq 0$ のとき $f[\cdot]=1$）が適用されていたが，最近は，重み係数 w_{ij} の学習のために数学的扱いが容易な（微分可能な）図5.5(b)のシグモイド関数が使われるようになっている．θ はしきい値で，変換関数の入力値に応じて細胞が興奮するか，抑制状態のままでいるかの判断基準を示す．

　図5.4(a)に示したモデルは，入力信号と重み係数との積和演算値を変換関数を介して瞬時に出力するモデル（すなわちタイムステップなし）であるが，ニューロンの情報蓄積機能を持たせた図5.4(b)のモデルもある．このモデルは積和演算のあと積分演算を行ない，その出力に対して変換関数を演算し出力信号を決定する．ニューロンが網状に接続したものがニューラルネットワークであり，その基本的構造は図5.6(a)に示すような階層構造のネットワークと図5.6(b)のように相互に結合したネットワークがある．

　階層構造のネットワークは，通常図5.4(a)のニューロンモデルが使われ，複数の入力パラメータ値（入力パターン）に対するネットワークの演算値が出力される．すなわち，このネットワークは入力と出力の因果関係を重み係数で記憶しているもので，後述するバックプロパゲーションなどの方法で各層の重み係数を学習することが可能である．パターン認識や計測制御の分野で使われているほとんどのニューラルネットワークはこの構造である．

　一方，図5.6(b)に示す相互結合型のネットワークは，図5.4(b)の形のニューロンを用い最適探索などの演算に用いる．すなわち，積分演算は入力が0になるまで出力を自動的に変化させる性質があることを利用して，各ニューロンの積分器に初期状態を設定して演算すると，全ニューロンの積分器入

力(他のニューロンの出力と重み係数との積和演算値)が0となるまで自動的に演算を繰り返し,安定したときの各ニューロンの最終出力値が最適値となる.このときのニューロンの重み係数は最適化問題の条件から決定される.

以下では,工学的利用が多い階層型ニューラルネットワークについて,その特徴と応用を述べることにする.

階層型ニューラルネットワークは,ある入力パターン($x_1, x_2, \cdots, x_n$)が与えられたとき,それに対応する出力パターン($y_1, y_2, \cdots, y_m$)に変換するネットワークで,その変換関係(因果関係)は重み係数で記憶している.

ニューラルネットワークの動作は,図5.7に示すように「学習」という過程で重み係数を決定し,想起過程で入力に対応したパターンを出力する.図5.7に数字認識の一例でニューラルネットワークの動作概要を示す.「学習過程」では,入・出力の関係を与えてネットワークの重み係数を学習させるが,「学習」には二つのタイプがある.一つは「教師なし学習」と呼ばれ,基準となる入力データを次々と与えて,入力に対して選択的に応答するネットワークを形成するものである.他の一つは「教師付き学習」と呼ばれ,入力側と出力側のデータ(教師データ)を与え,入力データに対して与えられた所定のデータをネットワークが出力するように重み係数を自己修正させるものである.この教師付き学習の代表的方法がback propagation(誤差逆伝搬法)である.

図5.7に示す数字認識の例では,数字をメッシュ状に区分して各区分内の数字部分の面積割合をパターンとしている.学習過程では,基準となる数字をメッシュに区分し,その面積割合を入力層の各ニューロンに与える.ニューラルネットワークの重み係数は,最初,適当な乱数を与えておくと,出力層の各ニューロンからはばらばらの数値が出力される.この出力値と所定の出力との差で重み係数を修正していく.図で数字の「2」を認識させる場合,出力層のニューロンは2番目のニューロンの出力が「1」で他のニューロンは「0」が出力されればよい.この所定出力と演算値の差異で,例えば最急降下法を適用して,出力誤差が許容範囲内に入るまで繰り返しニューラルネットワークの各重み係数を修正していく.他の数字に対しても同様に行ない,すべての数字に対して認識可能なニューラルネットワークを構成する.

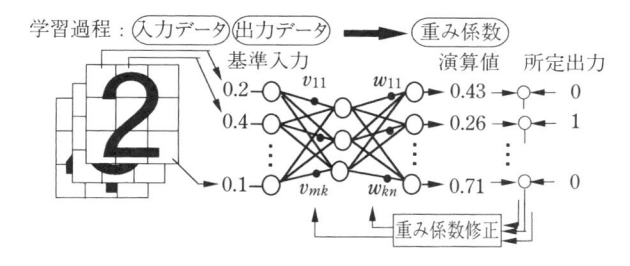

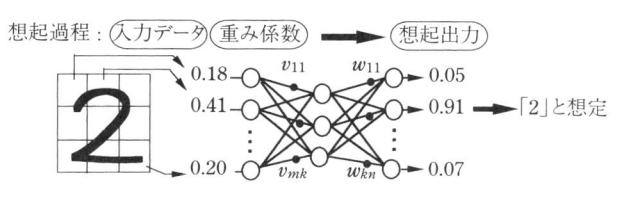

図 5.7 ニューラルネットワークの動作

「想起過程」では，学習が終了したネットワークの入力層の各ニューロンに入力データを与えることによって，出力層の各ニューロンから演算値を出力させる．図の場合は 2 番目の出力ニューロンの値が最も大きいため，入力されたパターンは「2」と想定する．

以上の動作からわかるように，ニューラルネットワークの特徴は，
（1）適切な教師データが入手できれば，その学習機能によって処理対象の厳密な入出力関係を記憶し，数学モデルなどを必要とせずに情報処理が行なえる，
（2）ニューロンの動作が非線形であるので，線形システムでは難しい複雑な対象を扱うことができる，
（3）学習したデータと異なる入力でも，学習時のデータを補間した形の適当な出力を期待できる，
点にある．

5.4 ニューラルネットワークの機能

階層型ニューラルネットワークの用途は種々提案されている[6〜11]が，代表的な使い方としては，表 5.2 に示す 3 種の機能に分類できよう[1]．

第 1 の機能は入力パターンの分類で，入力された事象がどの集合に属する

表5.2 ニューラルネットワークの主な機能[1]

	事象の識別	成分の抽出	結果の類推
内容	$x_i \subset ?$ 事象がどの集合に含まれるかを識別	$a, b ?$ $x = ax_1 + bx_2$ 波形に含まれる成分を抽出	$y_i(x_i) ?$ 原因を与え結果を類推
入力	事象 x_i	波形 x	原因 x_i
出力	集合 A	成分 x_1, x_2 の割合 a, b	結果 y_i
応用	クラスタリング	割合分析	関数演算

かを識別する機能である．例えば，表の内容に示した例では，入力データ群 $\{x_i\}$ が A と B のカテゴリーに分類されるとき，新規に入力されたデータ x はいずれになるかを判定し，例えば「A に属する」とする出力ニューロンを発火させる．前述した数字の認識もこの機能の利用といえる．この機能のニューラルネットワークは中間層の各ニューロンが，それぞれの集合の境界面を表わす性質を持つ．

第2の機能は，入力情報パターンに含まれる既知情報パターンの割合を抽出する機能で，入力波形を与えれば基準波形パターンごとの成分割合を出力する．このニューラルネットワークの場合，中間層のニューロンの重み係数は基準となる波形パターンを記憶し，入力パターンとの相関演算を行なう性質を持っており，出力層は各波形の相関値を成分割合に変換する機能となっている．後述の圧延機制御における形状認識はこの機能を利用しているといえる．

第3の機能は関数演算の機能である．入力(原因)と出力(結果)との関数関係(因果関係)を学習させておき，入力に対応する関数値を出力する機能である．このニューラルネットワークは，入力要素を要因とする回帰式を演算する機能といえる．後述のゲインチューニングがこの利用例である．

このほか，ニューラルネットワークの使い方として種々の提案がなされているが，メカトロニクスなど制御分野での使い方としては上記3種のいずれ

かが主な機能であろう．

5.5 オートチューニングへの適用例[12]

　消費者の多用なニーズに応える変種変量生産を行なうために，生産に使用される自動機械，各種工作機械，ロボットなどのメカトロシステムや装置に要求される制御性能はますます高度化・多様化している．さらに，制御装置の複雑化とともに，省力化・高効率化が求められ，人手を介さずに制御特性を自動調整するオートチューニング機能が必要となった．

　オートチューニング技術は数多く提案されてきた[13〜17]が，最近の技術としてファジィ処理技術の応用がある．この方式は，熟練操作員が持つ制御応答波形と過去の経験，ノウハウなどを基に制御ゲインの調整を行なう方式，つまり制御応答を言語化（ファジィルール化）した特徴量をもとに，ファジィ推論によって制御ゲインを修正するものである．そのため，制御対象の数学モデル，同定などを必要とせず種々の制御対象に適用できる特徴を持つ．しかし，チューニングルール，メンバーシップ関数の作成が難しいという課題がある．

　一方，ニューラルネットワークは，パターン認識をはじめとして種々の分野で応用が試みられている．制御応答もその時系列データをパターンと考えることができ，ニューラルネットワークの入力に制御応答を与えたとき，その出力として制御ゲインが得られるような関係を学習できれば，制御ゲインのチューニングが可能である．さらに，学習は制御応答と制御ゲインの対応を示すだけですむので，チューニングルール，メンバーシップ関数などの必要がなくなる．この点がニューラルネットツワークを用いる理由である．しかし，チューニングシステムの構成，教師データの作成，学習，チューニング特性が課題となる．以下，PIDコントローラのゲインチューニングにニューラルネットワークを適用した例を示す[18]．

5.5.1 チューニングシステムの構成

　メカトロシステムにおける油圧サーボ，電動サーボなどのアクチュエータは，特性の設計値と実際値の違い，経年変化によるパラメータ値の変動などがあり，高精度制御のためには制御ゲインのチューニングが不可欠となる．

ここでは，電動モータの速度制御系を例にニューラルネットワークを適用したオートチューニングシステムについて述べる．

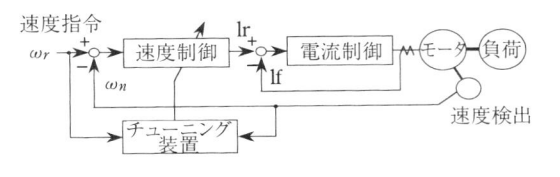

図 5.8 チューニング機構付き速度制御系の構成

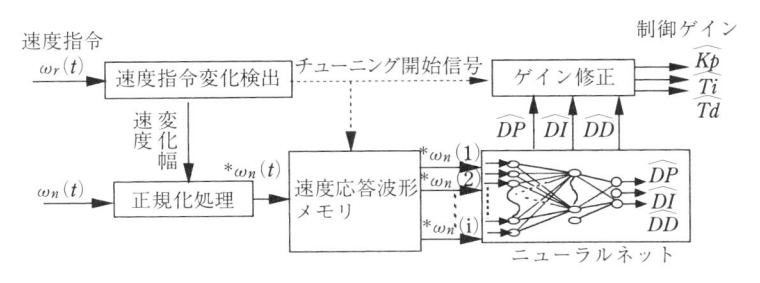

図 5.9 チューニング機構の構成

システム構成を図 5.8 に示す．オートチューニング機構は，速度制御系とは独立させ，エンコーダによって検出されるモータ速度と速度指令から，制御応答を評価し，速度制御ゲインを修正する．図 5.9 にオートチューニング機構の構成を示す．ニューラルネットワークは，速度指令変化時の制御応答波形を入力し，学習してある制御応答(目標制御応答)と一致するように制御ゲインの修正係数(DP, DI, DD)を出力する．PID ゲイン修正部は次式により制御ゲインを修正する．

$$K_{p\,n+1} = DP\,K_{p\,n} \tag{5.2}$$

$$T_{i\,n+1} = DI\,T_{i\,n} \tag{5.3}$$

$$T_{d\,n+1} = DD\,T_{d\,n} \tag{5.4}$$

ここで，K_p：比例ゲイン，T_i：積分時間，T_d：微分時間であり，添字 $n+1$ はチューニング後，また n はチューニング前のゲインを表わす．

「速度指令変化検出部」は速度指令を監視し，指令値の変化が生じるとチューニング動作を開始する．「正規化処理部」は，速度指令の変化幅によって異なる速度応答波形の振幅を学習時の応答波形に正規化する．「速度応答波形メモリ」は制御サンプリング時点で入力したモータ速度を蓄積し，ニュ

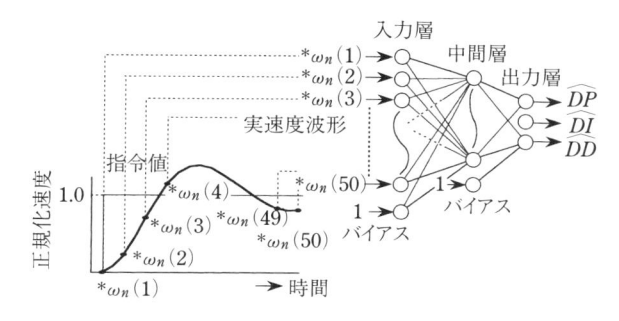

図 5.10 ニューラルネットワークの入・出力と構成

ーラルネットワークの入力層ニューロン数分のデータが揃った後に速度応答パターンとしてニューラルネットワークに出力する．「ニューラルネット」は，入力した速度応答パターンに対して制御ゲインチューニング係数を出力する．このチューニング動作は速度指令変化時に毎回行なう．

　ニューラルネットワークは，図 5.10 に示すように 3 層構造とし，入力層のニューロンには振幅 1 のステップ応答に正規化された速度応答の時系列データを与える．出力層からは比例ゲイン，積分時間，微分時間の各制御ゲインの修正係数（DP, DI, DD）を出力する．ネットワークの構築では，各層のニューロン数を幾らにするかが重要になる．出力層は，求める修正係数が 3 であるため 3 ニューロンに決定できる．入力層ニューロン数は入力点数で決定できるため，応答波形の各サンプリング時点の時系列データをそのまま取り扱うこととした．すなわち，入力層ニューロン数の決定は時系列データの入力点数を決めることに等しい．時系列データには速度応答の制御特性を評価し，制御ゲインを修正するのに十分な情報量が含まれていなければならない．そのためには，波形の特徴を把握するに十分な数の入力点数を必要とする．しかし，多すぎると学習に時間がかかり，また，チューニング時のニューラルネットワークの計算量が大きくなり制御演算を行なうマイクロプロセッサへの負担が大きくなるなどの問題が生じる．そこで，時系列データを速度制御系のサンプリング周期ごとに得，経験的に 50 サンプリング程度の時系列データがあれば十分に制御特性を評価できることから，入力層ニューロン数は 50 とした．

中間層ニューロン数の設計法として種々の方法[19~23]が提案されているが，本システムではあらかじめ十分な数のニューロン数で学習させておき，その中間層ニューロンの各出力を統計的な手法で解析し，最小のニューロン数を決定する方式を用いた．すなわち，中間層ニューロン数は，最初は十分な数と考えられる20とし，中間層ニューロンの各出力値を相関分析し冗長な出力を与えるニューロンを削減して最適な中間層ニューロン数を決定した[23]．

5.5.2 モータ速度制御への適用例

以上述べたように，本チューニング方法はニューラルネットワークに速度制御応答の時系列データを入力し，直接，制御ゲインの修正値を得るという，あたかも熟練操作員がチューニングするのと同様な方式である．これを実現するには，ニューラルネットワークが熟練操作員と同程度に調整方法を学習できている必要がある．本方式の教師データとしては，教師入力に制御応答波形の時系列データ，教師出力には，その制御応答を目標制御応答とする制御ゲイン修正係数を与える．数多くの教師データで学習させることにより，よりよいチューニングを行なえるようになる．しかし，教師データを実際のモータ速度制御装置から得ることは難しく，得られても片寄った教師データとなってしまう．そこで，シミュレーションにより教師データの作成し，学習するシステムを図5.11に示す．シミュレータは速度制御系，電流制御系，モータ系のモデルで構成するが，説明の都合上モデルを簡単化している．チ

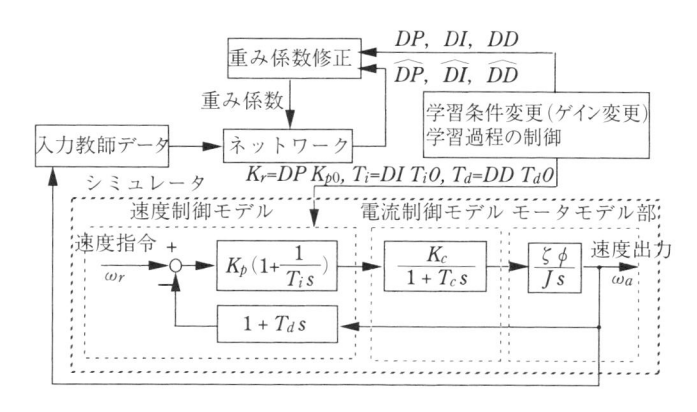

図5.11 学習システムの構成

ューニングの対象である速度制御系のPID制御ゲインを種々与えて，その制御応答を得るようにしている．PID制御演算はマイクロプロセッサのサンプリング動作も考慮してシミュレーションを行なっている．

制御ゲインと制御応答の関係を幅広く学習させるため，目標制御応答が得られる制御ゲインを中心に，P，I，Dの各ゲインを0.1倍から制御応答が発散する直前

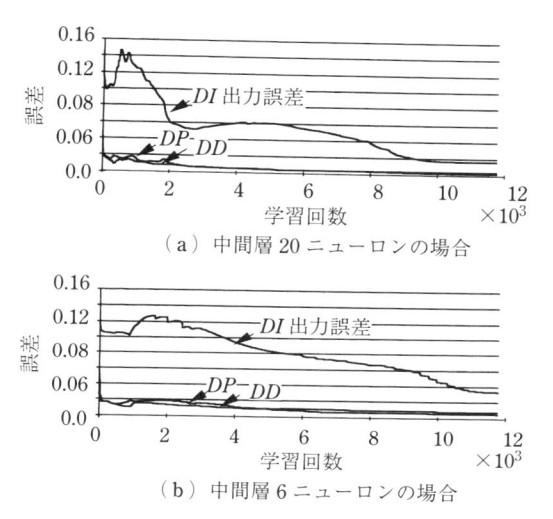

図5.12 中間層ニューロン数の違いによる出力誤差の比較

(最大10倍)まで変化させ，その間を7ケースに分割して，それぞれを組み合わせた7*7*7＝343ケースから制御応答が発散した63ケースを除外し，280ケースの制御応答により教師データを作っている．

図5.12が学習結果で，学習誤差は280ケースの出力教師データとネットワークの演算出力との差の2乗和平均値とした．また，学習回数は280ケースすべてを1回学習したときを1回と数えている．図5.12(a)は中間層ニューロン数が20のものである．積分時定数 T_i の修正係数 D_i の学習誤差が他の修正係数に比べて大きいが，十分に収束している．中間層ニューロン数を6としたネットワークを同様に学習させた結果を図5.12(b)に示す．(a)に比較して学習回数，学習誤差とも若干大きいが，同様の学習ができている．

以上の学習が完了したネットをワークを用いてシミュレーションによりチューニング動作を行なった結果を図5.13，図5.14に示す．図5.13(a)，(b)は制御ゲインの初期設定値を振動的な値とし，(c)，(d)は非振動的な値に設定した状態からチューニングを開始した結果である．学習した制御応答は時定数10 ms，オーバシュートのない応答を目標としている．

いずれ場合も，目標制御応答に2～3回の試行でチューニングできている．

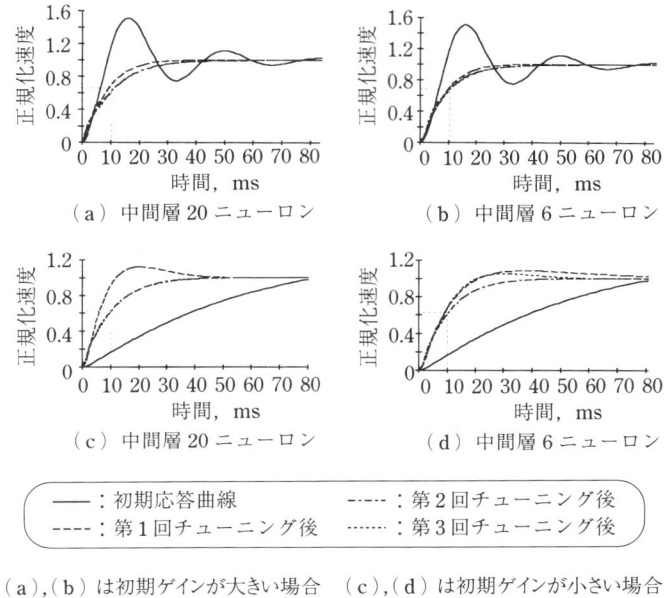

134 第5章 油圧システムのニューラルネットワーク制御

(a) 中間層20ニューロン
(b) 中間層6ニューロン
(c) 中間層20ニューロン
(d) 中間層6ニューロン

―――：初期応答曲線　　　-・-・-：第2回チューニング後
- - -：第1回チューニング後　……：第3回チューニング後

(a),(b)は初期ゲインが大きい場合　(c),(d)は初期ゲインが小さい場合

図5.13　中間層ニューロン数の違いによるチューニングの差異

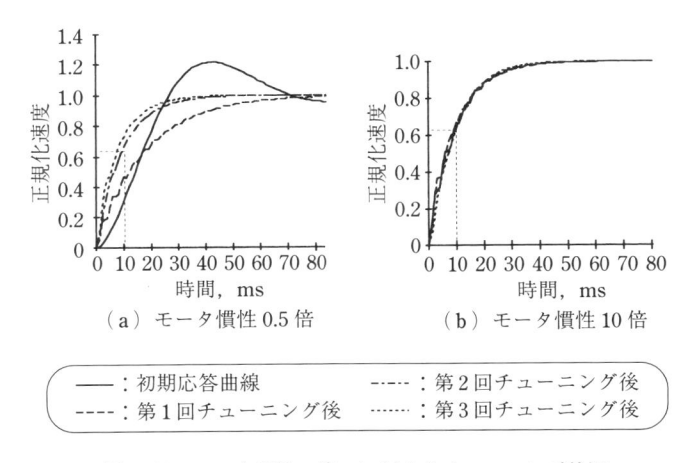

(a) モータ慣性0.5倍
(b) モータ慣性10倍

―――：初期応答曲線　　　-・-・-：第2回チューニング後
- - -：第1回チューニング後　……：第3回チューニング後

図5.14　モータ慣性の違いに対するチューニング状況

これにより，本チューニング方式，および中間層ニューロン数の決定方法が有効であることがわかる．図5.14は制御ゲインを目標制御応答が得られる値に設定し，制御対象であるモータの慣性を変更した場合のチューニング結果を示す．

ネットワークには6ニューロンの中間層を使用している．教師データに含まれていない制御対象のパラメータ変化に対してもよくチューニングができており，ニューラルネットワークの学習機能を応用する本チューニング方式が有効であることがわかる．

以上，制御ゲインのオートチューニング法として，モータ速度制御系を例にニューラルネットワークの応用を示した．学習機能により制御応答と制御ゲインとの対応関係を示すだけでチューニング機能が実現でき，この特徴はコントローラ，制御対象の複雑さなどに無関係である．このため，従来の手法では難しかったところでも容易にオートチューニングが可能である．油圧サーボ，空圧サーボを利用した位置制御，力制御においても同様に制御ゲインのチューニングを実施することが可能である．

今後，ニューラルネットワーク理論，ニューロコンピュータなどの発展でさらに有効なオートチューニング方式が提案されることであろう．また，ニューラルネットとファジィ処理の組合せや他の技術との融合で，ロバストで，より広範囲なパラメータ変動に対応可能な高精度なチューニング方法が開発されることと考える．

5.6 圧延機制御での適用例[24,25)]

圧延プラントにおけるシステムや装置は，年々大規模，複雑化しており，その制御技術も高度な新技術が要求されてきた．この制御技術の高精度化に伴い，現代制御理論などの適用が試みられてきた．しかし，数学的表現が困難な制御対象や複雑な運転操作を必要とするところでは簡易的な制御となり，人間の瞬間的判断やきめ細かな運転操作にかなわず，運転員による手動介入操作で対応していた．このような制御困難な対象や，さらに高度な技術を必要とするシステムに対して，運転員のノウハウや人間のパターン的状況判断能力を活かす人工知能技術の適用が図られてきた．その中で，ニューラルネ

ットワークとファジィ処理の特徴を活かした冷間圧延での形状(平坦度)制御について概要を述べる．

鋼板の圧延では，板厚を目標の製品厚みに制御するが，その伸びの板幅方向での均一度，すなわち平坦度が重要な課題である．自動車鋼板や家電鋼板などで圧延材の伸びが不均一であると，深絞り加工などの成形工程においてき裂の発生や成形不良を起こす原因となる．そのため，圧延材の伸びが板幅方向に分布している状況(以下「形状」という)を検出し，ロールの左右の開度設定，たわみ，部分冷却などにより，板幅方向の伸びが均一となるように制御する「形状制御」が行なわれる．

形状不良となる原因として，母材厚みの不均一，左右のロール開度の設定誤差，ロールの摩耗，酸洗不良，ロール冷却水の不均一分布など種々あり，制御によって不良原因を除去することはできない．そのため，種々の形状制御方法が研究・開発されてきたが，圧延材の形状に関する動作は多入力，多出力の非線形現象であり，分布状態の計測と制御のため，従来の集中型モデルをベースとした古典制御や現代制御理論の適用だけでは難しい．その解決策として，板幅方向に曖昧性を持たせて局所状態を計測し制御するファジィ処理の適用を試み，顕著な効果を上げた．しかし，この方法では複数の各ア

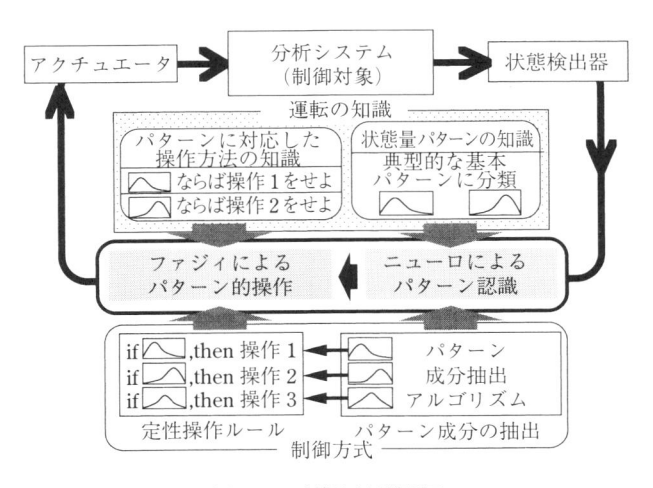

図 5.15 制御原理説明図

クチュエータ近傍のセンサ出力に着目し，局所的に操作しているため，板形状の全体波形を認識して制御することが困難であり，複雑な圧延現象に対して人間並みに高精度に制御することはできない．

フィードバック制御の基本的なアルゴリズムは，「if 状態 $=X$ then 操作 $=Y$」であり，状態 X を分布パターンとして扱い，そのパターンに対応した操作 Y を決定できれば，従来制御の欠点を補うことができる．すなわち図 5.15 に示すように，オペレータは制御対象の状態を感覚器である目を介して形状パターンを認識し，オペレータはそれまでの経験と教育により得られた操作ノウハウにより認識パターンに応じてアクチュエータを操作する．そこで，圧延材の検出形状を入力パターンとし，ニューロコンピュータで制御可能な基本パターンに分類して，ファジィ処理で各パターンに対応した操作を行なう．

ここで，ニューロコンピュータに記憶させる形状波形は各アクチュエータを操作したときに修正可能な形状波形で，これを基本パターンとして学習させておく．各形状波形に対する複数のアクチュエータの操作方法をファジィルールとして記憶しておけば，計測波形から学習した基本波形成分を抽出させ，抽出した波形の成分量に応じた操作量を求め，全波形に対応する操作量をファジィ処理で合成して，最適操作量とすることができる．

対象とする圧延機は，図 5.16 に示す 20 段クラスタ圧延機で，良好な形状が得られる小口径ロールを利用し，ス

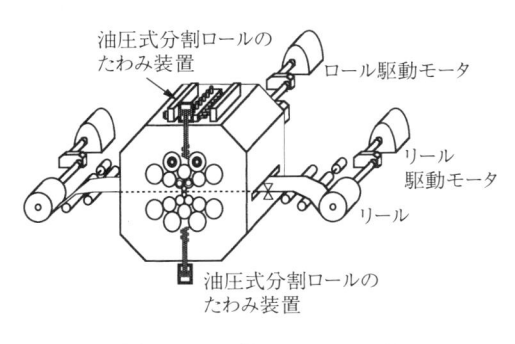

図 5.16　20 段クラスタ圧延機

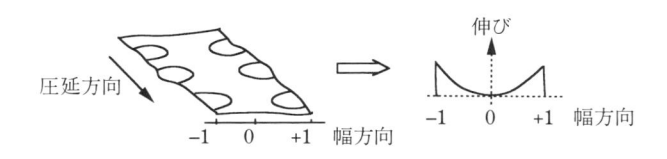

図 5.17　形状の説明図

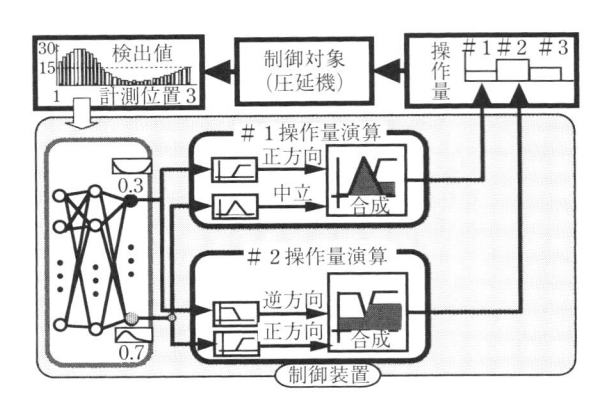

図 5.18 形状制御システムの構成図

テンレスのような硬い圧延材を圧延するのに適した特殊な圧延機である．被圧延材は，ワークロール間に通し，ロールにかけられる圧延力によって伸びるが，この伸びが板幅方向で一様でないと図 5.17 に示すような波打ちが生ずる．この波打ちを形状と呼び，板幅方向の伸びの分布で表わす．形状が悪化すると板破断の原因となり，良好な形状を得るために形状制御を行なう．被圧延材にはロール表面の板幅方向のカーブが転写されるため，ロールを機械的に曲げたり熱的に変形させて，被圧延材の形状を制御する．被圧延材の形状は圧延機の出口に設置された形状検出器で計測する．この形状検出器は，伸びを検出する数十個のセンサを板幅方向に並べたもので，各センサの出力信号の包絡線を形状パターンとして認識する．

オペレータの圧延時の操作方法は，図 5.15 に示したように形状検出器の出力である被圧延材の形状パターン(板形状)を目視により認識し，自分が記憶している特徴的な形状パターンと照らし合わせて，そのパターンに適切な操作を自分の経験則から選び出し実施している．この運転方法をニューロネットワークとファジィ処理を適用して自動化を図ったのが図 5.18 に示すシステムである．ニューロコンピュータには，あらかじめ制御可能な基準波形を学習させておく．また，ファジィ処理のルールとしてオペレータの持つ特徴的な形状に対する操作方法を設定しておく．形状検出器の出力信号をニューロネットワークの入力信号として与えると，入力波形に含まれる学習ずみの基準波形の含有率を抽出し，確信度としてファジィ制御に出力する．ファジィ制御では認識された形状波形に対応するルールにより操作量を決定しアクチュエータに出力する．

5.6 圧延機制御での適用例

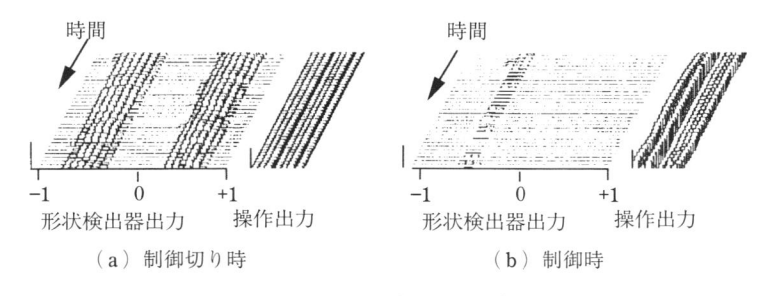

（a）制御切り時　　　　　　（b）制御時

図 5.19　形状制御結果の一例

　本制御方式の実機化に当たって，基本波形は初期状態パターンとして，従来から基本的な形状パターンとして分類されている波形を設定し，実圧延での結果を再学習させて，実用化を図った．

　図 5.19 は，実圧延での形状認識結果とファジィ推論による操作量の出力結果の一例を示したもので，時々刻々変化する板形状が正しく認識され，形状制御が安定して行なわれることが確認された．現在，実圧延機で良好な形状制御が実施されている．

　以上，圧延機における形状制御を例に，パターン認識能力に優れたニューラルネットワークで波形的に分布した状態を計測・認識し，定性的な知識を扱うのに有効なファジィ処理で複数の操作量を協調させて決定するニューロ／ファジィ制御方式を示した．

　本制御方式では，制御量の空間的に分布した状態をパターンとして計測しているが，時間的な波形はもちろん，機能的に分布した状態を扱うことも可能である．例えば，ロボットシステムにおいて，各軸位置を横軸とし各軸の回転角度を縦軸に取った場合，ロボットの動作状態を示すパターンとして認識することが可能となる．また，油圧・空圧系などの流体系において，系統ごとの温度，圧力，流量などの計測ポイントを横軸に，その計測量の大きさを縦軸としたパターン化で各パラメータ間の協調をとる制御の状態計測とすることが考えられる．

　また，操作量の決定においては，複数の状態パターンに対応した操作量をルールに基づいて合成し，複数の操作量間の協調をとるようにしており，複数の分布したアクチュエータをパターン的に操作する制御系に適している．

このような複数操作量を協調させて制御しなければならないシステムはメカトロニクス分野においても多く存在し，種々の分野へ展開可能と考える．

5.7 おわりに

メカトロニクス分野における制御技術の進展とニューラルネットワーク，ファジィ推論技術の制御への応用の背景について概略を説明し，ニューラルネットワークの構造と代表的な特徴，機能について説明した．次いで，メカトロニクス分野で広く適用されているPID制御におけるゲインチューニングへの適用例を示し，その構成とニューラルネットワークの学習について述べた．また，ニューラルネットワークとファジィ処理の融合による多変数制御系への適用例として，圧延機の形状制御への適用例を取り上げ，分布状態の計測，認識へのニューラルネットワークの応用を示し，その認識結果に応じて複数の操作量をファジィ推論により決定する制御方法を述べた．いずれの応用例も広く展開可能な制御技術と考える．

ニューラルネットワークの適用方法については，上記の応用例のほか種々の使い方が公表されており，今後もさらに進展すると予想される．特に，ニューラルネットワークの適用に関して，処理速度，学習方法，各層のニューロン数の決定など，技術的進展が期待される課題も多いが，ソフトコンピューティング技術として，他の人工知能，人工生命技術などとともに，ハード，ソフト両面から研究開発が行なわれており，高度な実用技術の早期開発を期待したい．

参考文献

1) 諸岡：「ニューロコンピューティングとその応用」，油圧と空気圧，**23**, 1 (1992-1) p. 21.
2) 木通：「ニューラルネットワークの基礎と抄紙機配管系の脈動制御への適用」，油圧と空気圧，**23**, 1 (1992-1) p. 45.
3) 永井：「空気圧システムのインテリジェント化」，油圧と空気圧，**23**, 1 (1992-1) p. 57.
4) 幡野・宮迫：「ファジィ制御応用油圧エレベータ」，油圧と空気圧，**23**, 1 (1992-1) p. 63.
5) 舩橋：ニューロコンピューティング入門，オーム社 (1992-6).
6) 瀬戸山 ほか2名：「多層神経回路内に学習される逆ダイナミックスモデルによるマ

ニュピュレータの制御」，電子情報通信学会技術研究報告，MBE-87-135 (1987) pp. 249-256.
7) 田村ほか4名：「ニューラルネットを用いた負荷予測」，電気学会平成2年全国大会 (1990) p. 1041.
8) 泉井・田岡：「電力システムへの応用：小特集：ニューロおよびファジィ技術の応用」，電気学会雑誌，**111**, 1 (1991) pp. 17-19.
9) 萩 宏美ほか5名：「ニューラルネットワークのガス遮断器の故障診断への適用」，計測制御学会第13回知能システムシンポジウム，3 (1991).
10) 大島：「製鉄プロセスへの応用：小特集：ニューロおよびファジィ技術の応用」，電気学会雑誌，**111**, 1 (1991) pp. 20-22.
11) A. Hiramatu : "ATM communications Network Control by Neural Networks", IEEE Transactions on Neural Networks.
12) 松田ほか：「ニューラルネットワークによる制御ゲインのオートチューニング」H4産業応用全大，S 5-3, ps 137.
13) B. K. Bose : "Motion control technology present and future", IEEE, Trans. Ind., **IA 21**, 6, Nov./Dec. (1985) pp. 1337-1342.
14) A. Habock : "Digital control system in power electronic equipment", EPE survey papers, Oct. (1985) pp. 24-30.
15) 大久保：「チューニングの現状」，計測と制御，**25**, 9 (1986) pp. 832-839.
16) 森・重政：「PIDオートチューニングコントローラの動向」，計測と制御，**29**, 8 (1990) pp. 723-758.
17) 野村ほか3名：「ファジィ推論を応用したPIDコントローラ用オートチューニングシステム」，日立評論，**71**, 8 (1989) pp. 115-122.
18) 松田ほか3名：「インテリジェントフレキシブルサーボシステム」，ロボティクス・メカトロニクス講演会'91論文集 Vol. B (1991) pp. 65-68.
19) 鹿山・阿部：「クラスタリング用ニューラルネットワークの学習方式」，情報処理学会第44回全国大会．
20) Q. Xue et al. : "Analyses of the Hidden Units of Backpropagation Model by Singular Value Decomposition (SVD)", IJCNN '90-WASH-DC (1990-1) pp. 739-742.
21) T. Ash : "Dynamic Node Cereation in BackPropagation Networks", IJCNN '89-WASH-DC (1990-1) pp. 623.
22) 栗田：「情報量規準による3層ニューラルネットの隠れ層ユニット数の決定法」，信学論 D-II, Vol. J 73-D-II, 11 (1990) pp. 1872-1878.
23) 鹿山ほか3名：「多層ニューラルネットの最適中間層ニューロン数決定方法」，電気学会論文 D, **112**, 11 (1992).
24) 服部ほか：「冷間圧延形状制御へのファジィ・ニューロ適用」，平成2年電気学会産業応用部門全国大会講演論文集，S 7-7 (1990-8) s. 189.
25) 片山ほか：「ニューラルネットの課題と今後」，平成3年電気学会産業応用部門全国大会講演論文集，S 3-2 (1991-8) s. 53.

第6章 油圧応用アクティブ振動制御

6.1 振動制御の基礎理論[1,2]

6.1.1 振動乗り心地

　乗員にとっての車両の快適性には，振動，騒音，シート座り心地，室内の広さ，温度，湿度，換気などの多くの要因が考えられる．ここでは，乗員にとって感じられる車体の振動を対象とした振動乗り心地を扱う．車体の振動には，エンジン・駆動系から伝わる振動，ブレーキ時の振動，車輪・操舵系の振動，路面から伝わる振動など様々あり，これらを含めて広義の振動乗り心地ということができる．

　一方，道路の凹凸や軌道不整により車体全体が振動する場合の快適性を狭義の振動乗り心地といっており，サスペンションの設計・評価に使用される．ここでは各種の車両に共通する狭義の振動乗り心地を扱うものとする．この凹凸外乱の種類としては，単発入力(突起，段差)，周期的な入力，ランダム入力に分類される．この内でランダム入力の場合は，一定の区間における凹凸の善し悪しを評価するものであるから，統計的な処理が必要となる．通常，凹凸のデータを定常不規則過程と仮定して，パワースペクトル密度で表わすことが多い．凹凸の空間周波数 n(c/m) に対して，パワースペクトル密度 $S(n)$ は右下がりの関係があり，経験的に

$$S(n) = S(n_0)\left(\frac{n_0}{n}\right)^k \quad (n_0 = 0.1\,\text{c/m},\ k=2) \tag{6.1}$$

となる．ここで，指数 k は小数で近似する報告もある．

　一方，振動乗り心地を解析的に扱う場合に，凹凸を下記のように表現することがある．

$$S_1(n) = \frac{A_1}{n^2+n_1^2}, \quad S_2(n) = \frac{A_2}{(n^2+n_1^2)(n^2+n_2^2)} \tag{6.2}$$

　一般に，車体の振動解析をする場合には，空間周波数 n(c/m) に対してではなく時間周波数 f(Hz) に対して解析される．走行速度を V(m/s) とする

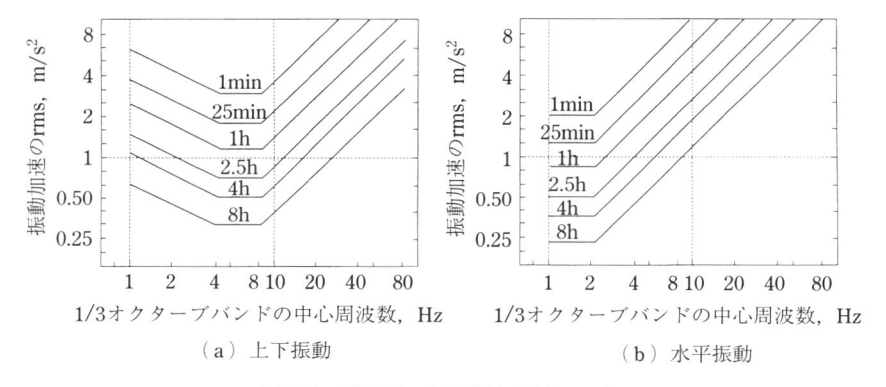

図6.1 振動下の疲労曲線(ISO 2631)

と

$$V n = f, \quad S(n)\mathrm{d}n = \Phi(f)\mathrm{d}f \quad (6.3)$$

の関係があるから，時間周波数に対するパワースペクトル密度を表現すると

$$\Phi(f) = S(n)\frac{\mathrm{d}n}{\mathrm{d}f} = S(n)\frac{1}{V} \quad (6.4)$$

が得られる．

　以上のような凹凸の上を車両が走行したときの振動乗り心地の評価に関しては，自動車や鉄道などについて古くから多くの研究がなされている．図6.1は，基本的な評価基準としてISOが提案している人体の等感覚曲線(ISO 2631)を示している．図によると，上下方向の振動に関しては4～8 Hz，左右・前後方向の振動に関しては2 Hz以下の周波数の振動を人体は最も敏感に感じとることを示している．なお，図のような人体の等感覚曲線は周波数依存性を示しているため，振動加速度に重みをかける乗り心地フィルタとして，乗り心地の評価に利用することができる．

6.1.2　車両の振動モデル

(1) 上下2自由度振動モデル

　図6.2は，4分の1車体モデルと呼び，車体であるばね上質量とばね下質量からなる2自由度振動モデルである．

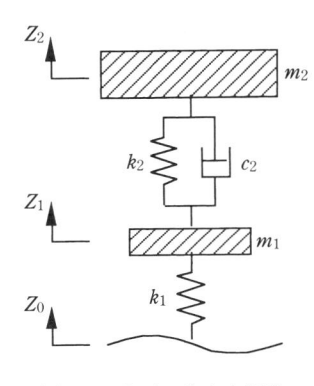

$$\left.\begin{array}{l} m_2 \ddot{z}_2 = F \\ m_1 \ddot{z}_1 = -F - k_1(z_1 - z_0) \\ F = -k_2(z_2 - z_1) - c_2(\dot{z}_2 - \dot{z}_1) \end{array}\right\} \quad (6.5)$$

図 6.2 上下 2 自由度振動モデル

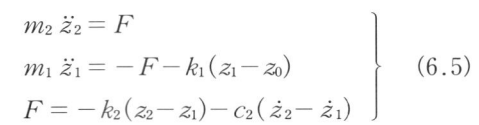

図 6.3 は，凹凸外乱に対する車体振動の振動伝達率を示す．図中ではサスペンションの減衰係数 c を変化させた場合を示しているが，2 個の定点 P, Q が存在する．ただし，これらの定点の意味はまったく異なる性質を持っている．

車体共振周波数の近傍の定点 P は，減衰係数 c が小さい場合には低周波数領域の車体共振が増大し，減衰係数 c が大きい場合には高周波数領域全般にわたって振動が増大するという性質を持っている．一方，ばね下共振周波数の近傍の定点 Q は，サスペンションのパラメータをどのように選択しても存在する定点であり，特に不動点と呼ぶ．この不動点における振動伝達率は，以下のように求められる．

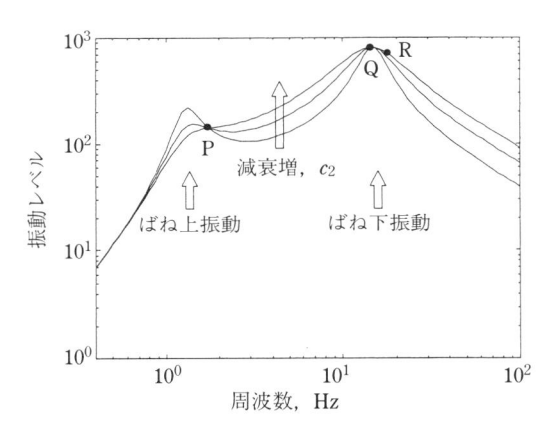

図 6.3 上下 2 自由度振動系の振動伝達率

式(6.5)の各式において支持力 F を消去し，振動方程式を求めると

$$-m_2 \omega^2 z_2 + (-m_1 \omega^2 + k_1) z_1 = k_1 z_0 \quad (6.6)$$

となる．したがって，固有円振動数

$$\omega_Q = \sqrt{\frac{k_1}{m_1}} \quad (6.7)$$

のときに，変位入力に対するばね上変位の振動増幅率は

$$\left| \frac{z_2}{z_0} \right| = \left| \frac{k_1}{-m_2 \omega_Q^2} \right| = \frac{m_1}{m_2} \quad (6.8)$$

となる．したがって，ばね下振動の影響を防ぐためには，この質量比を小さくする工夫が求められる．なお，この不動点は容易にわかるように，支持力 F をどのように制御しても内力として作用するため，変わらない定点である．

（2）車体の上下・ピッチング振動

図 6.4 に示すように，自動車や鉄道車両が凹凸のある直線上を一定速度 V で走行する際に，各車輪・支持系を通して上下方向に外乱が加わり，車体は重心の上下運動と重心回りのピッチ運動をする．運動方程式は

$$m\ddot{z} = F_f + F_r, \qquad I_{yy}\ddot{\varphi} = l_f F_f - l_r F_r \tag{6.9}$$

ただし

$$z = \frac{l_r z_{f2} + l_f z_{r2}}{l}, \qquad \varphi = \frac{z_{f2} - z_{r2}}{l}, \qquad l = l_f + l_r \tag{6.10}$$

となる．ただし，前後の支持力は以下のように表わされる．

$$\left.\begin{array}{l} F_f = -k_{f2}(z_{f2} - z_{f1}) - c_{f2}(\dot{z}_{f2} - \dot{z}_{f1}) \\ F_r = -k_{r2}(z_{r2} - z_{r1}) - c_{r2}(\dot{z}_{r2} - \dot{z}_{r1}) \end{array}\right\} \tag{6.11}$$

ここで，図 6.4 において車体のピッチ慣性モーメントと質量との間に

$$I_{yy} = m\, l_f\, l_r \tag{6.12}$$

の条件が成立すると，式(6.9)と式(6.10)から

$$\left.\begin{array}{ll} m_{f2}\,\ddot{z}_{f2} = F_f & \left(m_{f2} = \dfrac{m\,l_r}{l}\right) \\[2mm] m_{r2}\,\ddot{z}_{r2} = F_f & \left(m_{r2} = \dfrac{m\,l_f}{l}\right) \end{array}\right\} \tag{6.13}$$

となる．したがって，前後のサスペンション位置における車体の上下変位は，サスペンションの形式によらずに前後非干渉となる．すなわち，車両前部の応答は前部に加わる起振力のみで決まり，車両後部の応答は後部に加わる起振力のみで決まることを意味している．式(6.12)の

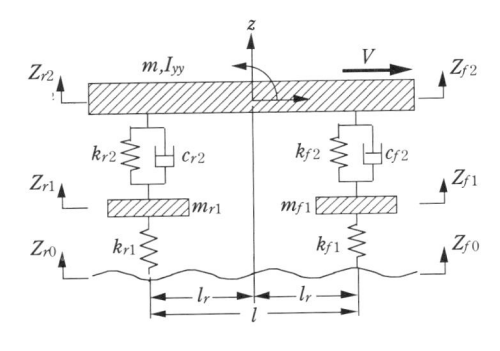

図 6.4 車体の上下・ピッチング振動

ことを前後非干渉条件と呼ぶ．したがって，この場合には図6.4のモデルは図6.2の上下振動モデルに完全に分離できる．この非干渉条件が満たされない場合には，車両の前部に加わる起振力が前部の応答ばかりでなく，車両後部の応答にも影響を及ぼす．

サスペンションの性能を解析する場合にもう一つ注意する点は，前後の支持系に加わる凹凸外乱には，走行距離と前後軸間距離で決まる時間差がある点である．

$$z_{r0}(t) = z_{f0}\left(t - \frac{l}{V}\right) \tag{6.14}$$

したがって，凹凸の空間波長と前後軸間の距離との関係から前後の入力が同位相と逆位相の場合がある．同位相の場合は車体は並進運動のみとなり，逆位相の場合はピッチ運動のみとなる．一般的には，時間差を伴う入力によって車体は加振され，前後が連成した振動状態となる場合には，前後の車体の振動振幅は一般的に等しくならない．

6.1.3 車両振動制御の形態

振動制御の形態を，1自由度振動系を例に図6.5に示すが，これらはエネルギーの観点から基本的に，パッシブ制御，セミアクティブ制御，アクティブ制御に大別される．

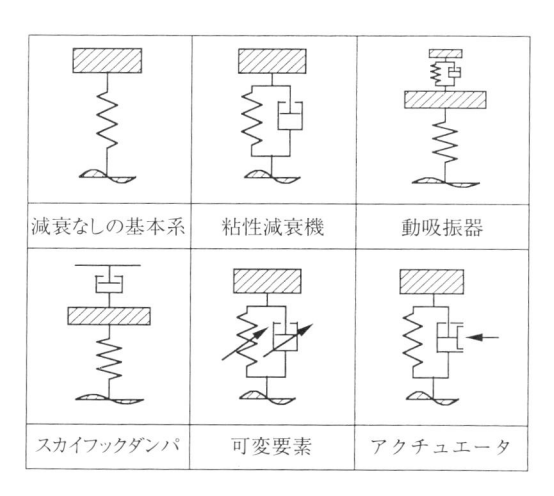

図6.5 振動制御の形態

パッシブ制御とは，エネルギーの観点からみると，ばねやダンパなどの機械的要素を通して振動エネルギーを散逸させるものである．通常の粘性減衰器(viscous damper)，付加質量による動吸振器(dynamic damper)などがこの方策と位置づけられる．前者は粘性減衰器により振動エネルギーが熱エネルギーに変

換されるものであり，後者は付加質量による反共振現象を利用して車体の共振を避ける方策である．

　セミアクティブ制御とは，可変減衰器（variable damper）の減衰係数を変化させることにより，振動エネルギーから熱エネルギーへの変換を制御することであり，もし振動系の振動状態や外乱振動数に対して減衰係数を適応的に変化できれば，振動伝達率を改善することが可能となる．ただし，減衰器はエネルギーを散逸させるだけなので，次に述べるアクティブ制御に比べて改善の度合は少ない．しかし，実用面からは重量を大幅に増加させないで振動特性を改善できる利点を持っている．

　アクティブ制御とは，エネルギー源を持ちエネルギーを強制的に加えたり放出したりして直接的に振動を抑える方策のことである．したがって，アクチュエータ（actuator）と呼ばれる力発生装置を必要とし，正の仕事や負の仕事によりエネルギーを供給したり放出したりする．具体的には油圧，空気圧，電磁力によるアクチュエータが挙げられ，力を直接制御できるため，振動伝達特性を大幅に改善することが可能となるが，装置の重量増や大型化の問題があり実用面での制約を受ける．

　図 6.6 は，通常のパッシブ系とスカイフックダンパ系の振動伝達率曲線である．パッシブ系の場合，振幅曲線に減衰係数に依らない定点があり，定点周波数を境に振幅の大小が逆転する．一方，スカイフックダンパ系は定点がなく減衰係数が大きいほど全振動数領域で振幅が減少するため，理想的な振

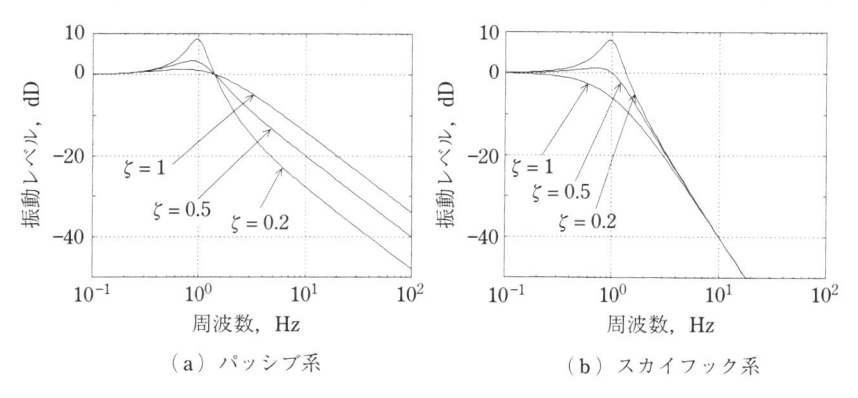

（a）パッシブ系　　　　　　　　（b）スカイフック系

図 6.6　振動伝達率の比較（1 自由度系）

動絶縁特性を持っている．この優れた特性を得るためには，可変減衰器，あるいはアクチュエータを車体とばね下質量の間に設置して，仮想的なスカイフックダンパの減衰力と同じ力を発生させるような制御が必要となる．

6.1.4 セミアクティブ制御手法

可変減衰器の制御としては，振動変数のフィードバックにより減衰係数を高速で切り換える方式が挙げられる．可変減衰器付きの1自由度の振動系は

$$m\ddot{z} + kz = -c(t)(\dot{z} - \dot{z}_0) + kz_0 \tag{6.15}$$

である．この減衰係数を制御する方法として，目標特性をスカイフックダンパ系とすることが考えられる．

$$m\ddot{z} + c\dot{z} + kz = kz_0 \tag{6.16}$$

ここで，式(6.15)と式(6.16)を等しくおいて逆モデルを求めると，制御則

$$c(t) = \frac{c\dot{z}}{\dot{z} - \dot{z}_0} \tag{6.17}$$

が得られる．ただし，減衰係数のとり得る範囲は，物理的に

$$c_{\min} \leq c(t) \leq c_{\max} \tag{6.18}$$

の制約があり，スカイフック系を部分的に近似するものである．なお，この制御則は連続的に減衰係数を変化できることが前提である．

次に，オンオフの2値の切換えの場合には，式(6.17)の正負の符号のみに着目した制御則

$$c(t) = \left\{ \begin{array}{ll} c_{\max} & \text{if } \dot{z}(\dot{z} - \dot{z}_0) \geq 0 \\ c_{\min} & \text{if } \dot{z}(\dot{z} - \dot{z}_0) < 0 \end{array} \right\} \tag{6.19}$$

が得られる．これをKarnoppの切換え則と呼ぶ(図6.7)．

上記の制御方式以外に，減衰係数を制御する方法としては，目標特性を式(6.16)の代わりにスカイフックスプリングを組み合わせた系としたり，最適制御系として設計する場合がある．さらにロバストな特性を得るために，ス

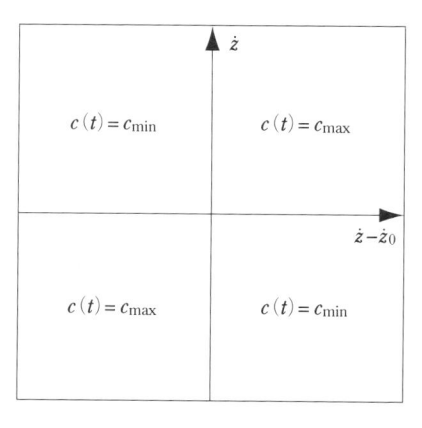

図6.7 Karnoppの切換え則

ライディングモード制御を導入する試みがある．これは，目標軌道となるスライディングモード特性を状態平面上に設定し，パラメータあるいは状態を切り替えることにより，目標軌道に沿って状態量を安定な点に収束させる手法である．なお，減衰係数の切替えはハンチングの原因となったり，加速度波形のひずみが乗り心地を悪化させかねない．したがって，その改善のために連続的な切替え関数を導入するなどの工夫が必要である．

6.1.5 アクティブ振動制御手法

パッシブ系では得られないスカイフック特性を理想的に実現させるためには，アクティブ制御が欠かせない．ただし，アクティブ制御系を設計する場合には，アクチュエータやセンサの特性を考慮する必要があるが，基本的には線形の制御系設計理論を利用することになる．代表的な設計手法としては，PID制御や位相進み遅れ補償，最適レギュレータ理論（LQR理論），LQG，H_∞制御，μシンセシスなどが挙げられる[3]．

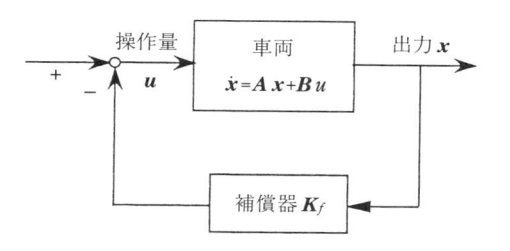

図6.8 状態フィードバック制御のブロック線図

まず，以下にLQR理論を示す．制御対象の状態方程式に状態フィードバック（図6.8）

$$\dot{x} = Ax + Bu + Ww_0 \tag{6.20}$$

$$u = -K_f x \tag{6.21}$$

を仮定する．外乱はないものとすると，このフィードバック係数は二次形式の評価関数

$$J = \int_0^\infty (x^T Q x + r u^2) dt \tag{6.22}$$

が最小となるように求められる．

$$K_f = r^{-1} B^T P \tag{6.23}$$

$$PA + A^T P - PBr^{-1}B^T P + Q = 0 \tag{6.24}$$

この評価関数において重み行列 Q は正定行列であり，行列 P はリカッチ

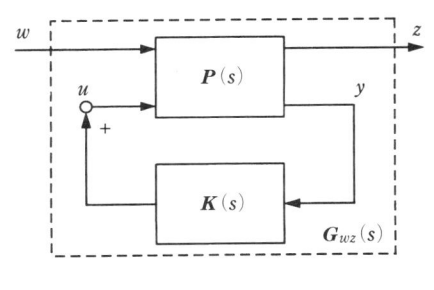

図6.9 一般化プラントと制御器

方程式の正定解である．この導出に関しては，線形二次形式の評価関数を最適化する意味でLQ(Linear Quadratic)理論と呼んでいる．なお，このLQR理論では外乱を考慮していないため，直接的に振動伝達率の周波数特性を指定することはできない．

次に，制御対象に非線形性や未知のパラメータ変動が含まれる場合，性能の劣化や安定性の悪化が問題となることがある．その場合には，H_∞制御などのロバスト制御理論の利用が挙げられる．図6.9は，制御対象(一般化プラント)と制御器からなる標準的なブロック線図である．以下に，車両支持系にH_∞制御理論(パラメータの加法的変動に対する混合感度問題)を応用する例について簡単に示す．

まず，振動乗り心地を評価するための乗り心地フィルタ(出力 y_z に対する周波数成形フィルタ)

$$z_1(s) = W_1(s)\, y_z(s) \tag{6.25}$$

を導入する．次に，非線形性や高次モードが原因で不安定な振動が発生するのを避けるために，ロバスト安定化フィルタ(入力 u に対する周波数成形フィルタ)

$$z_2(s) = W_2(s)\, u(s) \tag{6.26}$$

を導入する．例えば，ばね下質量の高振動成分の発生を抑制するために，高周波数の操作入力を抑えるフィルタを設計すればよい．これらのフィルタを含む拡張された一般化プラント〔車両の状態方程式または伝達関数行列 $P(s)$〕は図6.10のようにまとめられ，次式で表現される．

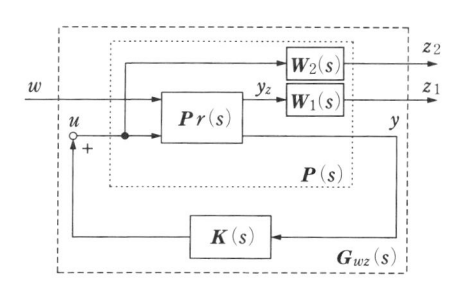

図6.10 フィルタを含む一般化プラントと制御器

$$\dot{\boldsymbol{x}} = \boldsymbol{A}\,\boldsymbol{x} + \boldsymbol{B}_1\,w + \boldsymbol{B}_2\,u$$
$$\boldsymbol{z} = \boldsymbol{C}_1\,\boldsymbol{x} + \boldsymbol{D}_{11}\,w + \boldsymbol{D}_{12}\,u, \quad \begin{bmatrix} z(s) \\ y(s) \end{bmatrix} = \boldsymbol{P}(s) \begin{bmatrix} w(s) \\ u(s) \end{bmatrix} \quad (6.27)$$
$$\boldsymbol{y} = \boldsymbol{C}_2\,\boldsymbol{x} + \boldsymbol{D}_{21}\,w + \boldsymbol{D}_{22}\,u$$

ここで,x, y, z はおのおの状態変数,評価変数,観測変数であり,u, w はおのおの操作入力,外乱である.

ここで,求めるべき H_∞ 動的補償器は

$$u(s) = \boldsymbol{K}(s)\,\boldsymbol{y}(s) \qquad (6.28)$$

と表現され,以下に示す評価関数(H_∞ ノルム)を満たすように設計される.

$$\left\| \begin{matrix} \dfrac{1}{\gamma} G_{wz_1}(s) \\ G_{wz_2}(s) \end{matrix} \right\|_\infty = \left\| \begin{matrix} \dfrac{1}{\gamma} W_1(s)\,S(s) \\ W_2(s)\,T_a(s) \end{matrix} \right\|_\infty < 1 \qquad (6.29)$$

ここで,γ は正定数,$G_{wz_1}(s)$ は外乱 W から評価量 z_1 までの閉ループ系伝達関数,$G_{wz_2}(s)$ は外乱 W から評価量 z_2 までの閉ループ系伝達関数である.また,$S(s)$ は感度関数,$T_a(s)$ は相補感度関数である.

$$y_z(s) = S(s)\,w(s), \qquad u(s) = T_a(s)\,w(s) \qquad (6.30)$$

6.1.6 生物に学ぶ制御手法

熟練者といわれる人は,単に数式理論で扱えない問題に対しても巧みに問題解決をしている.人間の知識ベースのモデル化として,ファジィ理論を用いて熟練者の巧みな判断力や操作方法を車両の制御に導入する試みがある.さらに,人間の優れた特性としては適応能力や学習能力があるが,それらを人工的に表現する適応理論,ニューラルネットワーク理論や遺伝的アルゴリズムを車両の制御に応用する試みがなされている.

さらに,将来を予測する予見制御の考えを応用することができる.ただし,いかに前方の予見情報を得るかが実用的な制御システムの設計において重要となる.鉄道車両においては,軌道の情報が入手しやすく,例えば曲線区間に入る前から車体の傾斜制御(ロール制御)を開始する例がある.自動車においては道路情報の入手が一般に困難であるが,超音波やレーダによる道路前方の凹凸検出や後部サスペンションの予見制御のために,前部サスペンション位置の振動検出が行なわれている例がある.

6.2 自動車の油圧応用アクティブ振動制御

6.2.1 はじめに

近年のビークルダイナミックス研究の大きな特徴は，運動力学と制御理論とを融合させることにより性能の飛躍的向上を図ろうとする流れである．既に航空機におけるCCV(Control Configured Vehicle)の概念が普及しているように，車両へのアクティブ制御の適用研究は年々盛んになってきている．

乗用車のサスペンションの振動制御システムは，ばねとショックアブゾーバのばね定数および減衰定数の値を状況に応じて切り換える，いわゆるパッシブ制御システムの開発が一段落し，現在はさらに飛躍的な性能向上が見込めるアクティブサスペンションの開発へと進んできた．アクティブサスペンション開発の揺籃期は鉄道車両の振動制御の研究において始まり，その後，乗用車への適用が検討され，現在では量産市販車にまで搭載される技術へと進化している．

アクティブサスペンションの進化の過程は，以下の4技術の発展と同期してきた．

（1）制御理論の発展　　　　　　　（ソフト）
（2）油圧サーボ技術の発展　　　　（ハード）
（3）センサ技術の発展　　　　　　（センサ）
（4）マイクロプロセッサ技術の発展（CPU）

上記技術の相乗効果を巧みに利用することにより，現在のアクティブサスペンションの実現が可能となったのである[4,5]．

本論では，油圧サーボ技術を車両に適用したアクティブサスペンションの実現に必要な技術を紹介する．

6.2.2 アクティブサスペンション

（1）アクティブサスペンションのモデル

図6.11に示すように，アクティブサスペンションに用いられるアクチュエータは，ばね上とばね下との間に設置され，外部信号iに応じた制御力Fを発生させる機構を備えている場合が一般的である．

例えば，制御力 F が相対速度 $\dot{x}_2 - \dot{x}_1$ および相対変位 $x_2 - x_1$ に比例した制御力を発生した場合は，パッシブサスペンションとまったく同様な機構を実現することが可能となる．このように，アクティブサスペンションにおける制御力 F は指令信号 i を状態変数の関数〔$i = f$(状態変数)〕として容易に定義することが可能となり，制御理論の実車への適用が可能となる．さらに理想的なアクチュエータ特性を追求するならば，制御信号によりアクティブに力を発生し，なおかつ路面入力に対して何らかの反力を生じないことが望ましい．この点において，アクティブサスペンションの制御系には一般的な油圧サーボ系とは異なった機能が要求されている．

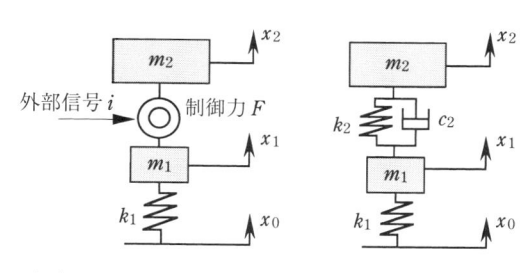

（a）アクティブサスペンション　（b）パッシブサスペンション

図 6.11　サスペンションモデル

（2）アクティブサスペンションの形式および特徴

　油圧アクティブサスペンションの開発の歴史において，様々な種類のアクティブサスペンションが提案されてきたが，現存のシステムを分類すると図 6.12 に示す 2 種類に代表される．

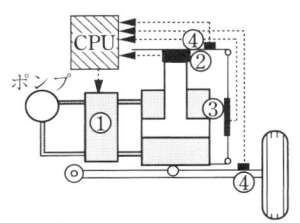

①：4 ポート流量制御弁　　①：圧力制御弁（3 ポート）
②：荷重センサ　　　　　　②：加速度センサ
③：ストロークセンサ　　　③：減衰バルブ
④：加速度計　　　　　　　④：アキュームレータ

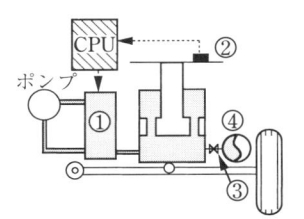

（a）流量制御タイプ　　　（b）圧力制御タイプ

図 6.12　アクティブサスペンションの種類

図 6.12(a)は流量制御弁を用いたシステムであり，複動型シリンダと流量制御弁を直結することによりシステムの高応答性を確保し車両の運動を制御することを目的としている．しかし，このような油圧制御系においてはシステムの制御能力は高いが，その高応答性なるが故に路面入力をすべて制御力により吸収し，なおかつ状態量に応じ制御力を発生しなければならない宿命を合わせ持っている．この結果，エネルギー消費が大きくなり，制御状態量に応じて制御弁の流量を制御する為に多数のセンサが必要となる．ひいてはシステムの繁雑化，フェールセーフの複雑化を招き実用化が困難となっている．

図 6.12(b)は圧力制御弁を用いたシステムであり，単動型油圧シリンダと圧力制御弁をアキュームレータを介して連結している．圧力制御弁は流量制御弁に比較して応答性においては劣るが，シリンダ内圧をメカニカルなフィードバック機構により調整する機構と指令電流により発生圧力を制御する機構とを合わせ持つことにより，前述の理想的なアクチュエータの機能を具現化している．このために制御に必要なセンサの数が少なくてすむ．さらに，高周波の路面入力をアキュームレータでパッシブに吸収する機構を有しているので消費エネルギーが少なくてすむという利点もある．

具体的な油圧制御系の詳細構成を図 6.13 に示す．油圧制御系は，油圧ポンプ，圧力制御弁，油圧シリンダから構成されており，圧力制御弁は外部指令電流 i に対してアクチュエータ内圧を制御する機構と，路面入力によるアクチュエータ内圧変化を減少させ最適な減衰力を発生させるメカニカルな圧力フィードバック機構とを両立させている．ポンプから送られた高圧の作動油は，メイン

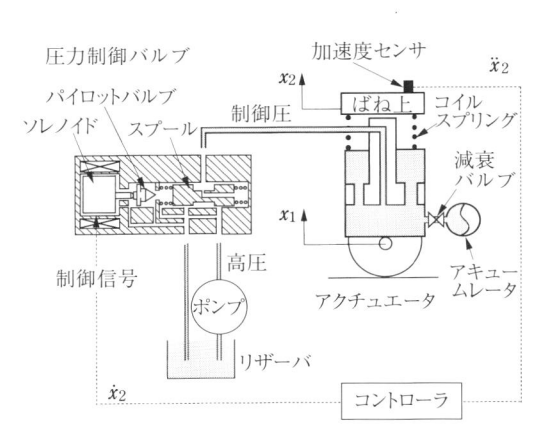

図 6.13　アクティブサスペンションの油圧制御系構成

バルブ部に導かれ，スプールの移動によりアクチュエータ圧力が高圧から低圧まで連続的にコントロールされている．また，スプールの右端室にはアクチュエータ圧力がフィードバックされ，さらに左端には，ソレノイドとパイロットバルブで生成された制御圧力が加えられたアクティブに圧力を制御する構成となっている．このメカニカル

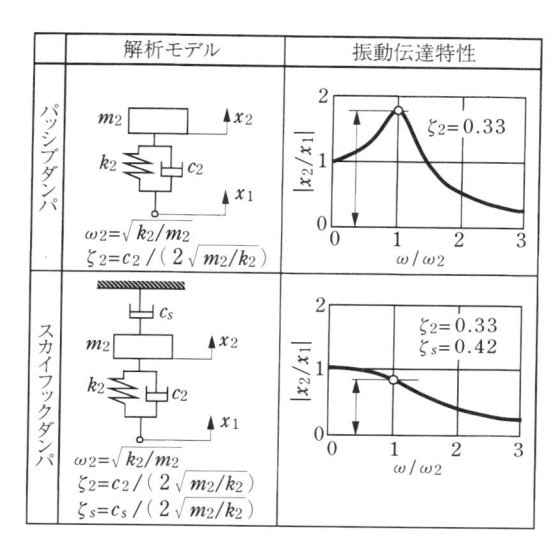

解析モデル	振動伝達特性
パッシブダンパ m_2, k_2, c_2, x_2, x_1 $\omega_2=\sqrt{k_2/m_2}$ $\zeta_2=c_2/(2\sqrt{m_2/k_2})$	$\|x_2/x_1\|$ vs ω/ω_2 $\zeta_2=0.33$
スカイフックダンパ c_s, m_2, k_2, c_2, x_2, x_1 $\omega_2=\sqrt{k_2/m_2}$ $\zeta_2=c_2/(2\sqrt{m_2/k_2})$ $\zeta_s=c_s/(2\sqrt{m_2/k_2})$	$\|x_2/x_1\|$ vs ω/ω_2 $\zeta_2=0.33$ $\zeta_s=0.42$

図 6.14 振動伝達特性比較

なフィードバック機構の目的は，路面からの入力に対して，アクチュエータの反力を発生させないことにある．

(3) アクティブサスペンションの制御理論

① スカイフックダンパ制御

アクティブサスペンションにおける代表的な制御理論としては，カーノップ[6]が提唱したスカイフックダンパ制御が挙げられる．スカイフックダンパ制御とは，車体の絶対速度に比例した制御力をアクチュエータで発生することにより，車両のばね上振動を理想的に低減させる手法である．

図6.14に，振動伝達特性解析に用いた車両1輪，1自由度モデルを示す．通常のメカニカルサスペンションの運動方程式は

$$m_2 \ddot{x}_2 + c_2(\dot{x}_2 - \dot{x}_1) + k_2(x_2 - x_1) = 0 \tag{6.31}$$

で表わされ

このモデル(図6.13)の振動伝達特性は

$$\frac{x_2}{x_1} = \frac{2\omega_2 \zeta_2 s + \omega_2^2}{s^2 + 2\omega_2 \zeta_2 s + \omega_2^2} \tag{6.32}$$

となる．また，共振点での伝達比は

$$\left|\frac{x_2}{x_1}\right|_{\omega=\omega_2} = \sqrt{1+\frac{1}{4\zeta_2^2}} \tag{6.33}$$

となり1を越えてしまう．

これに対し，スカイフック減衰を追加したモデル(図6.13)の運動方程式は

$$m_2 \ddot{x}_2 + c_2(\dot{x}_2 - \dot{x}_1) + k_2(x_2 - x_1) + F_s = 0 \tag{6.34}$$

$$F_s = c_s \dot{x}_2 \tag{6.35}$$

で表わされ，振動伝達特性は，

$$\frac{x_2}{x_1} = \frac{2\omega_2 \zeta_2 s + \omega_2^2}{s^2 + 2\omega_2(\zeta_2 + \zeta_s)s + \omega_2^2} \tag{6.36}$$

となり，共振点における振動伝達比は

$$\left|\frac{x_2}{x_1}\right|_{\omega=\omega_2} = \frac{\sqrt{4\zeta_2^2+1}}{2(\zeta_2+\zeta_s)} \tag{6.37}$$

となる．

式(6.37)からスカイフックの減衰比 ζ_s を大きく設定すれば，共振点での伝達比を1以下に設定することが可能となる．その条件は

$$\zeta_s > \sqrt{\zeta_2^2 + \frac{1}{4}} - \zeta_2 \tag{6.38}$$

で表わすことができる．

② 予見制御

予見制御に関する理論的研究は，車両前方の路面状況を測定しアクチュエータ発生力を制御する方式が主流である[7,8]が，前方路面を測定するセンサ精度，コストなどの問題がある．本項では，車両の前輪のばね上加速度およびばね上～ばね下間の相対変位からばね下入力速度を検知し，後輪への入力未来値を予見し後輪のアクチュエータ発生力を制御する方式に関して検討を行なう．本方式は，きたるべき路面入力外乱を予見して制御を行なうフィードフォワードコントロールの一種となる[9,10]．

フィードフォワードコントロールの概念を1自由度モデルのブロック線図で示すと図6.15のようになる．フィードフォワードコントロールは，制御系のパラメータ変化が直接出力に影響を及ぼすので，上記方式によりばね

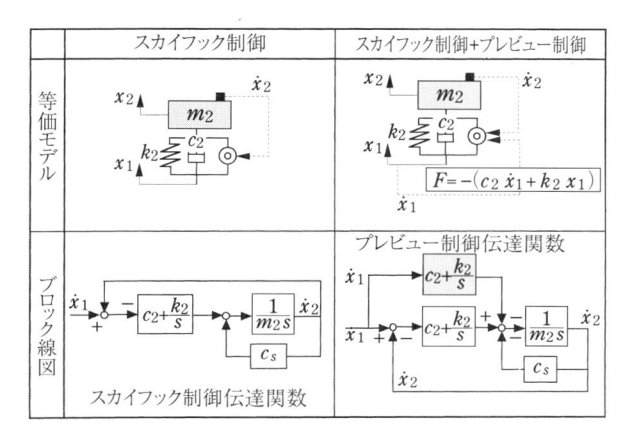

図 6.15 予見制御のブロック線図

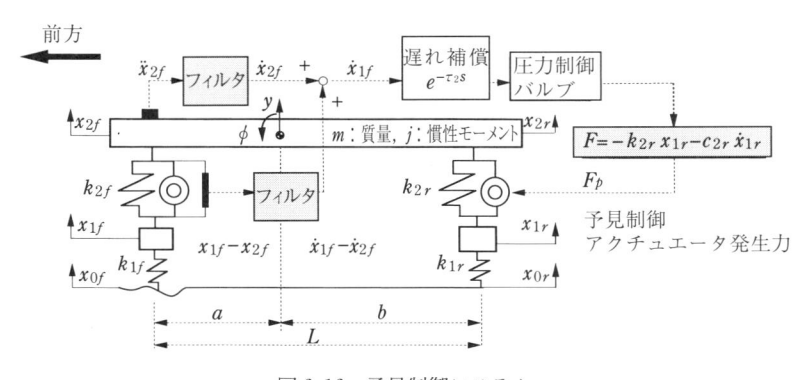

図 6.16 予見制御システム

下入力速度を推定する．さらに，外乱安定性に優れたフィードバック制御と外乱を測定してそれを相殺するような入力を制御対象へ加えるフィードフォワード制御とを併用することにより，システムの外乱安定性および速応性を両立させている．

図 6.16 に制御システム概略図を示す．この図は車両側面 1/2, 4 自由度モデルであり，スカイフックダンパ制御と予見制御との同時構成となっている．前輪ばね下入力速度 $\dot{x}_{1f}$ を推定する方法には適応フィルタなどが考えられるが，システムの持つ非線形特性，パラメータ変動および安定性を考慮

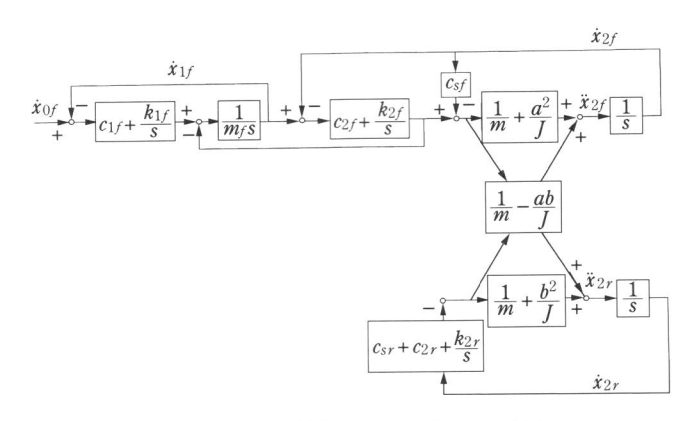

図 6.17 予見制御システムブロック線図

して，一種の低域フィルタから推定している．このような方式をとることにより，推定値の正確さおよび外乱安定性を保証する．

予見制御における後輪アクチュエータの発生力は

$$F_p = -(c_{2r}\dot{x}_{1r} + k_{2r}x_{1r}) \tag{6.39}$$

となり，後輪ばね下入力速度 x_{1r} によって生ずる車体への伝達力を相殺する．さらに，車速 V とホイールベース L とによって生ずる前輪入力から後輪入力への遅れ時間 $\tau_1 = L/V$, τ_1 および油圧システム系の応答遅れ時間などを考慮した補償器 $e^{-\tau_2 s}$ により発生力の最適制御がなされる．

理想的な状態を考えると式(6.39)が成立するので，予見制御システムのブロック線図は図6.17となり，リアサスペンションにおいてはスカイフック減衰 $c_{sr}+c_{2r}$ とスカイフックばね k_{2r} だけが存在し，相対減衰力および相対ばね力が完全に相殺されることになる．したがって，リアサスペンションにおける路面入力の伝達力は理論上0となる．

スカイフックばね k_{2r} は，慣性連成項により生ずる外力や横風などの外乱入力に対し姿勢を維持し，スカイフック減衰 $c_{sr}+c_{2r}$ により車両振動の低減を行なうことになる．

(4) アクティブサスペンションの構成

油圧アクティブサスペンションのシステムは，油圧系と制御系に分類される．図6.18に示すように，各輪のGセンサからの出力値に応じて各輪に設

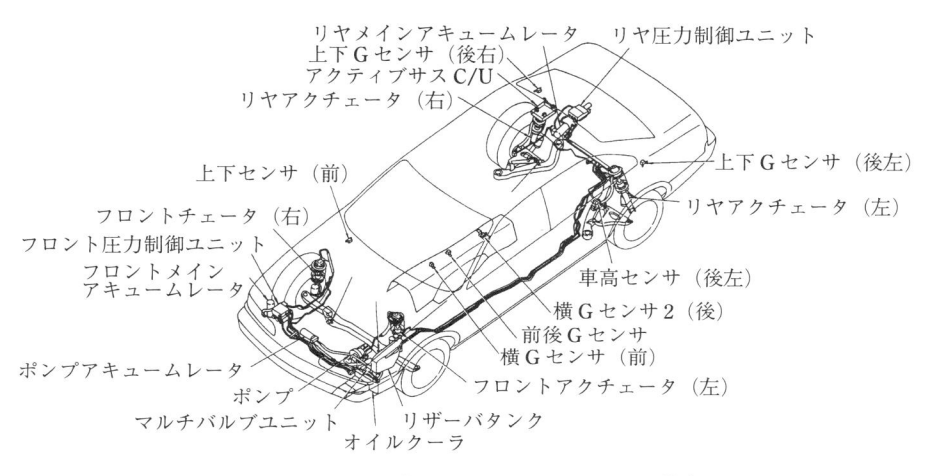

図6.18 アクティブサスペンションのシステム構成

置されたアクチュエータの油圧を制御し，車両の姿勢変化を抑え，路面からの振動入力を低減させるシステム構成となっている．

油圧系は，以下の基本機を満たす．

  オイルポンプ………………システム制御圧力を供給
  ポンプアキュームレータ…ポンプの脈動低減
  マルチバルブ………………供給圧力制御，フェールセーフ
  メインアキュームレータ…流量不足の補正手段
  圧力制御ユニット…………各輪の油圧制御
  アクチュエータ……………車両姿勢制御および路面入力吸収

制御系は，以下の構成および機能を持つ

  上下 G センサ（3個）…スカイフックダンパ制御，予見制御
  横 G センサ（2個）……ロール制御
  前後 G センサ（1個）…ピッチ制御
  車高センサ（4個）……車高制御，予見制御

（5）アクティブサスペンションの制御効果

アクティブサスペンションにより乗り心地向上の効果を図6.19に示す．スカイフックダンパ制御は，1〜2Hzの図6.19上共振周波数領域における車両フロアの上下加速度の低減がみられる．スカイフックダンパ制御のばね

上制振制御効果のが確認がされた．予見制御は5Hzまでの振動低減効果が著しい．これは，圧力制御バルブの応答性が5Hzに起因する結果である．

6.2.3 車両振動制御の将来展望

車両の振動制御技術の発展は現代制御理論の進化と無関係ではないが，その制御理論を適用するためのCPU，アクチュエータ，センサ系の技術革新が必

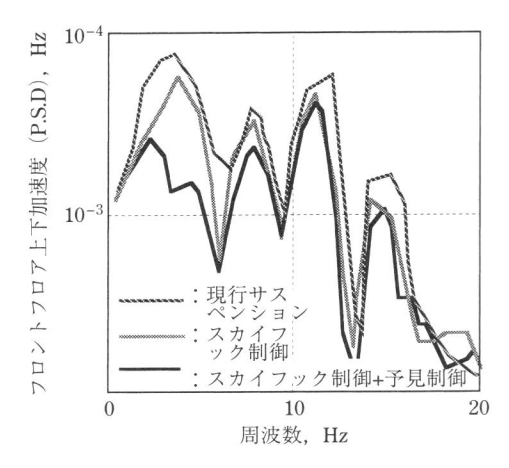

図6.19 アクティブサスペンションの制御効果

須の条件であった．

車両の振動制御理論は，あくまで手段であり目的ではない．人間の感覚（乗り心地）にとって最適な振動制御をするために，どのような制御手法を用いるかが問題である．また車両適用するに際し，コスト，重量燃費などの制約条件を克服しつつシステム構成を考えなければならない．

現在の制御型サスペンションは，理論の発展にセンサ，アクチュエータの発展が追いついていないのが現状ではあるが，しかし，将来この分野での技術革新が起これば，現在の制御理論の柔軟な適用が可能になると思われる．

6.3 鉄道車両の油圧応用アクティブ振動制御

6.3.1 はじめに

近年，鉄道車両の高速化ニーズに伴い，高速走行時の良好な振動乗り心地確保が重要課題の一つとなってきている．車両の振動を抑えるためには，軌道不整を小さくするとともに，支持系を構成するばねやダンパの特性値を適切に選定することが必要であるが，一般的には，車両側の振動特性を改善することで対応することが多い．

ここで，高速化により生じる振動乗り心地悪化への影響を考えると，従来のパッシブな支持系では車体の支持ばね系の固有振動数に近い1～3Hz近

傍の動揺成分を大幅に低減することは難しく,何らかのアクティブな要素を盛り込んだ制御が必要となる.

このような観点から,スカイフックダンパ制御則を用いた,① ダンパの減衰係数を車体の振動に合わせて切換え制御するセミアクティブ振動制御[11~15],② 外部から制振エネルギーを供給する空気圧式アクティブ振動制御[16~18] および油圧式アクティブ振動制御[19~25] により車両性能を向上しようとする研究が盛んに行なわれてきた.特に,セミアクティブ振動制御方式については500系新幹線電車[14]および700系新幹線電車[15]において既に実用化がなされている.また,空気圧式および油圧式アクティブ振動制御についても走行試験における効果が報告されている.

ここでは,曲線区間を多く含む在来線の高速化を目的として開発した新型振子電車(JR東日本試験電車TRY-Z)を用いた油圧式左右・上下アクティブ振動制御の特徴と構成および直線[22]・曲線高速走行試験結果[25]について紹介する.

6.3.2 システムの特徴

(1) システム構成

図6.20に,本振子電車の台車構造,左右・上下振動のアクティブ振動制御システムおよび車体傾斜制御システムの基本構成を示す.この車体傾斜システムは,半径400m(カント量105mm)の曲線を120km/h(基本速度+45km/h)まで速度向上することをねらうもので,振子ばりと台車枠の間に備えたハの字型リンク機構を油圧アクチュエータで駆動し,最大7°の車体傾斜[26]を可能としている.なお,傾斜制御方式は,従来の制御付振子[27]と同様に曲線位置を事前に検知して予見制御を行なう方式である.

ここで,左右振動制御系は,既設の空気ばね,左右動ダンパと並列に車体・振子ばり間に新たに両ロッド型油圧アクチュエータ(絞り付きアクティブダンパ)を設置し,直上の車体床面左右方向振動加速度の検出結果をコントローラで補償した後,サーボ弁を介してフィードバック制御している.図6.21にブロック図を示す.左右方向振動制御において,曲線走行時における超過遠心加速度が振動乗り心地の悪化につながるため,① 曲線出入口で観測する超過遠心加速度(図中の超過遠心G)成分のアクティブ振動制御への

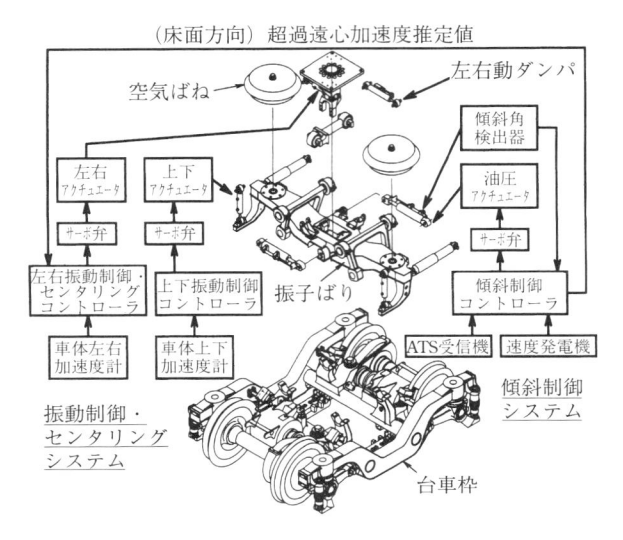

図6.20 振動制御・センタリングおよび傾斜制御システム

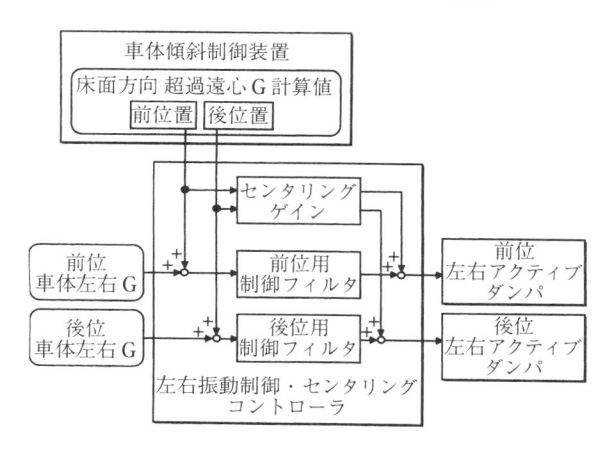

図6.21 左右振動制御系の構成

影響の補正，および②車体を中立位置側へ引き戻すセンタリング制御を追加した．ここで，センタリング制御は，車体傾斜制御コントローラで演算した超過遠心加速度を用いて，左右系アクティブコントローラからの信号と加算して，曲線走行時において車体を内軌側中立位置に保持しようとするものである．

図 6.22 に上下振動制御系のブロック図を示す．上下振動制御系は，空気ばねと併設して上下方向に各 1 本ずつのアクティブダンパを取り付け，空気ばね直上の車体上下振動加速度の検出値を用いて制御系を構成した．

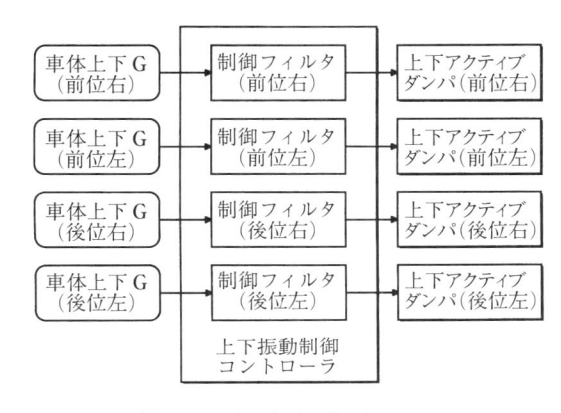

図 6.22　上下振動制御系の構成

（2）コントローラの周波数特性

本方式では，左右および上下用コントローラにおける振動加速度に対する制御信号の伝達関数 K_f を，式(6.40)の特性を持つように構成した．

$$K_f = K \frac{T_1 s}{(1+T_1 s)} \frac{1}{(1+T_2 s)} \frac{(1+T_3 s)}{(1+T_4 s)} \frac{(1+T_5 s)}{(1+T_6 s)}$$
$$\cdot \frac{1}{(1+T_7 s)} \frac{T_8 s}{(1+T_8 s)} \tag{6.40}$$

ここで，K：サーボアンプのゲイン，s：ラプラス演算子，$T_1 \sim T_8$：時定数（$T_3 > T_4$, $T_5 > T_6$）である．その周波数特性を図 6.23 に示す．この特性は，① 車体共振周波数付近では，車体振動加速度信号に対する制御力を約 90° の位相遅れで出力するスカイフックダンパ特性，② 低周波領域においては，曲線での超過遠心加速度の影響の除去，および ③ 高周波領域においてはアクティブダンパ内の内部絞りによる減衰を生かすように決定した．

使用したサーボ弁は左右用が定格流量 56.8 l/min，上下用が定格流量 28.4 l/min であり，アクティブダンパは受圧面積 16.5 cm²，最大ストローク ±50 mm，供給圧は 9.8 MPa である．なお，前述のようにアクティブダンパ内部には絞りが設けてあり，常時，減衰作用をもたせるとともに，フェイル時にはアクティブダンパへの油圧供給ポートを締めることにより，従来と同等の減衰効果を持つダンパとして作用する．

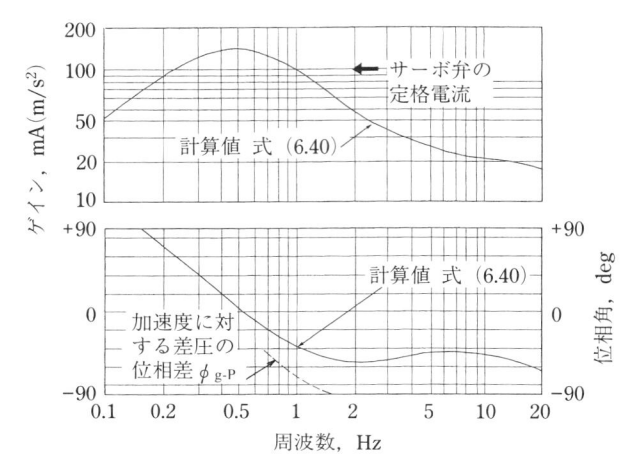

図 6.23 コントローラの周波数特性

(3) 曲線区間における超過遠心加速度の影響の補正

従来の振動制御[20]では，曲線走行時に観測される超過遠心加速度成分をフィルタで減衰させて用いていた．しかし，本則＋45km/h 走行を目標とした在来線の高速化においては，曲線出入り口で発生する超過遠心加速度成分が従来の振子車より大きく，かつ，その周波数域と振動制御帯域がより接近しているため，フィルタの最適化だけでは床面超過遠心加速度成分を十分除けず，外軌側への変位増大・左右動ストッパへの接触による乗り心地悪化が生じる．

そこで，図 6.21 に示したように車体左右振動加速度から超過遠心加速度推定値を減算して制御フィルタに入力し，制御帯域の加速度信号の位相を変化させずに床面超過遠心加速度成分のみを取り除くことで，前記の問題を回避している．

超過遠心加速度推定値は，もともと，車体傾斜制御システムで計算している超過遠心加速度に車体傾斜角および円曲線での枕ばねのたわみの影響を考慮したものである．以下に，前位側(車両の進行方向前側の台車位置)の超過遠心加速度推定値〔g_{sf}(m/s²)〕の計算式を示す．

$$g_{sf} = a_1 a_u - a_2 \theta_f \tag{6.41}$$

ここで，a_u：軌道面超過遠心加速度(m/s²)，θ_f：車体傾斜角度(rad)，a_1, a_2 は軸ばねおよび空気ばねのたわみを考慮するための係数である．

上記の軌道面超過遠心加速度 a_u は次式で求める．

$$a_u = \left(\frac{v^2}{g C_0 R_0} - \frac{1}{b}\right) C_f \tag{6.42}$$

ここで，v：走行速度(m/s)，g：重力加速度(m/s²)，C_0：円曲線部のカント(m)，R_0：円曲線部の曲線半径(m)，b：軌道間隔(m)である．また，前位台車位置のカント C_f は次式で求める．

入口緩和曲線内

$$C_f = C_0 \frac{1 - \cos\{(x_f - x_1)\pi/L_1\}}{2} \tag{6.43}$$

円曲線内

$$C_f = C_0 \tag{6.44}$$

出口緩和曲線内

$$C_f = C_0 \frac{1 - \cos\{(x_4 - x_f)\pi/L_4\}}{2} \tag{6.45}$$

ここで，x_f：前台車位置(m)，x_1：入口緩和曲線開始距離(m)，x_4：出口緩和曲線開始距離(m)，L_1：入口緩和曲線長(m)，L_3：出口緩和曲線長(m)である．

軌道データは従来からの傾斜制御用のものを使用した．後位台車位置の超過遠心加速度推定値 g_{sr}(m/s²) は，式(6.43)および式(6.45)の x_f を $(x_f - L_b)$（L_b：前後台車間距離）として求めた．

なお，センタリング制御の制御入力としては，超過遠心加速度推定値に比例した信号を使用した．

6.3.3 直線区間高速走行試験結果

ここでは，直線高速走行時(最高速度170 km/h，常磐線，振子は固定状態)の試験結果を説明する．

（1）左右振動加速度の低減効果

試験結果の一例として，直線走行時における同一地点での制御の有無による車体左右振動加速度波形の比較，および指令電流，アクティブダンパの出

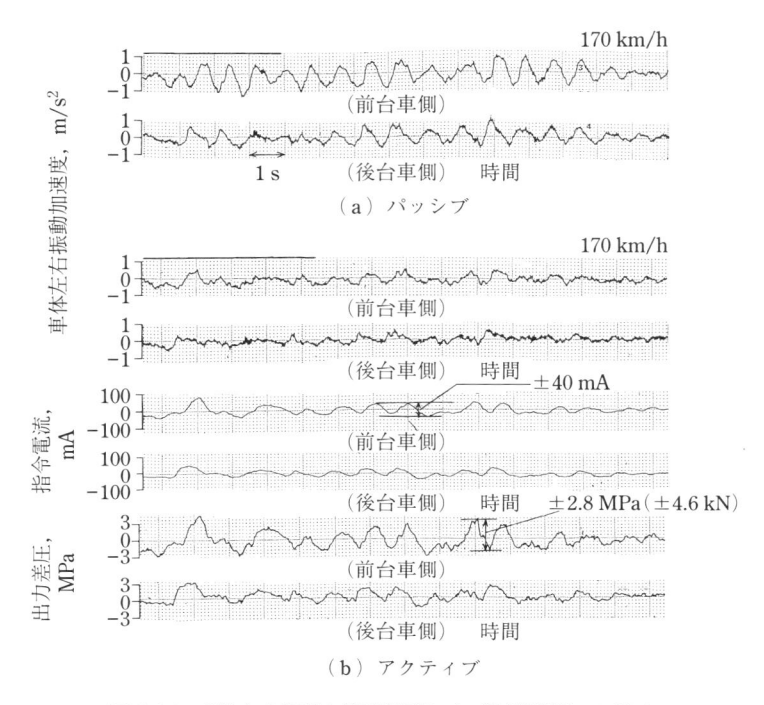

図 6.24　車体左右振動加速度波形および制御状態における制御指令，出力差圧波形（170 km/h 走行）

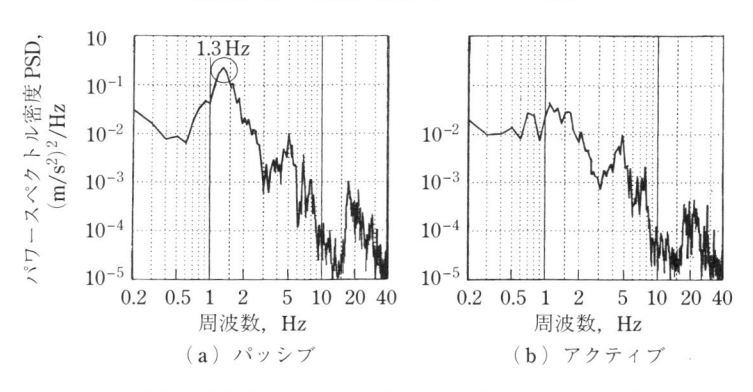

図 6.25　車体振動加速度ヨーイング成分の比較（160〜170 km/h 走行）

力差圧波形を図 6.24 に示す．また，図 6.25 に同一区間におけるヨーイング成分のパワースペクトル密度分析の比較を示す．ここで，パッシブ系の波

形は，アクティブダンパへのポートを締め切り，絞りによる減衰のみを活かした場合の結果である．これらの図より，アクティブ制御の付加により，1.3 Hz 近辺のヨーイング振動の低減効果が顕著であることがわかる．この直線高速走行時の振動低減効果は平均的に 50% 程度であり，乗り心地レベル換算で 5〜6 dB であった．

図 6.26 に，同一地点における車体左右振動加速度の振幅の読取り値を乗り心地線図にプロットした結果を示す．制御なし（パッシブ）での「良い」〜「非常に良い」

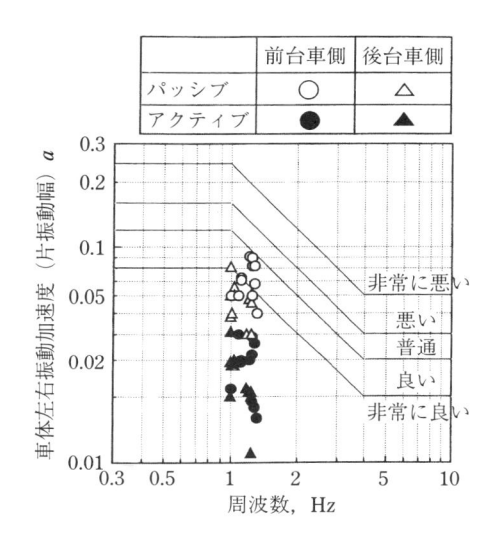

	前台車側	後台車側
パッシブ	○	△
アクティブ	●	▲

図 6.26 車体左右振動加速度の乗り心地線図による比較（170 km/h 走行，1g = 9.8 m/s²）

の乗心地係数の領域から，制御の付加（アクティブ）により「非常に良い」の乗心地係数の領域に改善されていることがわかる．なお，図 6.24 において，左右系での出力差圧は最大で ±2.8 MPa 程度であり，これは制御力換算で 1 台車当たりそれぞれ ±4.6 kN の値に相当する．

（2）上下振動波形の分析

図 6.27 に上下振動波形の比較を示す．また，図 6.28 に同一区間におけるピッチング成分のパワースペクトル密度の比較を示す．アクティブ制御の付加により，1.7 Hz 近辺のピッチング振動の低減効果が顕著であることがわかる．低減効果は平均的に 30〜50% であった．図 6.27 において，上下系での出力差圧は最大で ±2.1 MPa 程度であり，これは制御力換算で 1 台車当たり ±6.9 kN の値に相当する．

（3）振動制御系の周波数特性

図 6.29 に，170 km/h 走行における車体左右および上下振動加速度に対するアクチュエータ差圧出力の伝達関数分析結果を示す．同図において，車体ヨーイングのピーク周波数である 1.3 Hz において車体左右振動加速度に対

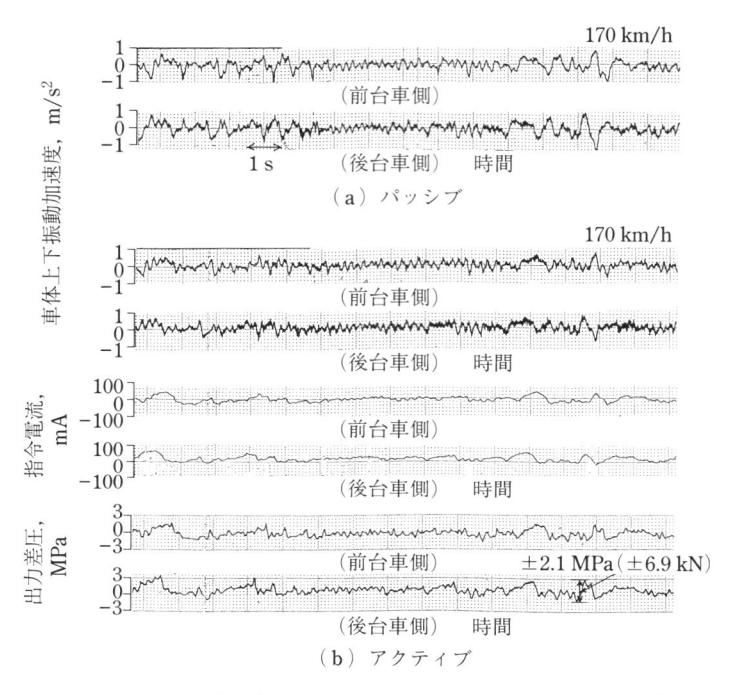

図 6.27 車体上下振動加速度波形および制御状態における制御指令,出力差圧波形 (170 km/h 走行)

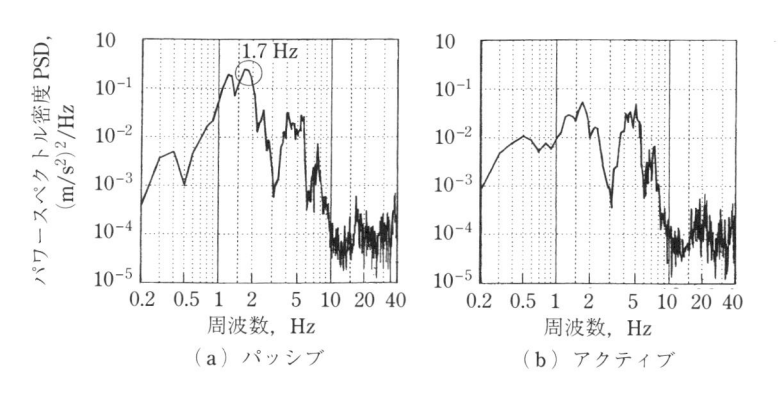

図 6.28 車体振動加速度ピッチング成分の比較 (160〜170 km/h 走行)

する差圧出力の位相遅れは 86°であり,また,車体ピッチングのピーク周波数である 1.7 Hz における車体上下振動加速度に対する差圧出力の位相遅れ

は124°である．これらの特性は，近似的には車体の絶対速度に比例した制御力をアクチュエータで発生していることに相当し，車体共振点近辺でスカイフックダンパ特性を実現していることになる．

6.3.4 曲線区間高速走行試験結果

ここでは，曲線高速走行時〔中央東線，曲線半径400m，カント量105mm，速度120km/h（基本速度+45km/h）〕の試験結果を説明する．曲線走行においては，振子動作をさせるとともに，左右アクティブ振動制御に対する超過遠心加速度の影響の補正およびセンタリング制御を追加した．

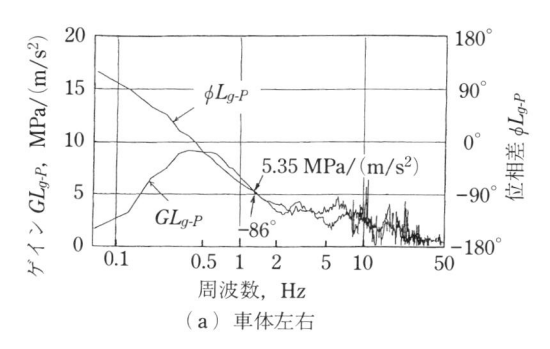

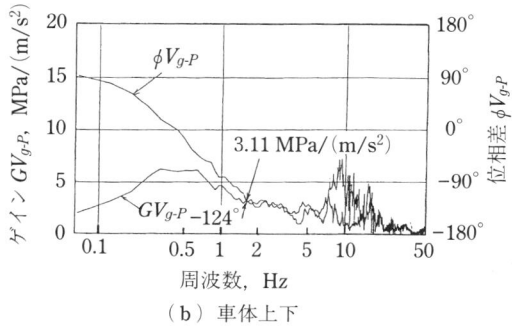

図6.29 車体振動加速度に対する差圧出力の周波数特性（160〜170km/h走行）

図6.30に，代表的なS字形連続曲線におけるアクティブ制御なしの状態でのセンタリング制御の有無における波形比較を示す．センタリング制御の付加により，アクチュエータの左右変位量，つまり遠心力による車体の外軌側への移動量はストッパすき間の20mm以下となり，中立位置から約10mm程度の位置にまで抑制できている．これにより，ストッパ当たりを防止でき，車体左右振動加速度の衝撃的成分も低減することができた．このとき，センタリング制御の制御力Fとしては約8.0kN/台車の大きさである．また，この外軌側への移動量の低減により，曲線走行時の走行安全性の指標である輪重抜け率が改善され，図6.30の曲線においては，動的には2.5〜5.0％，静的には1.2〜3.7％低減した．

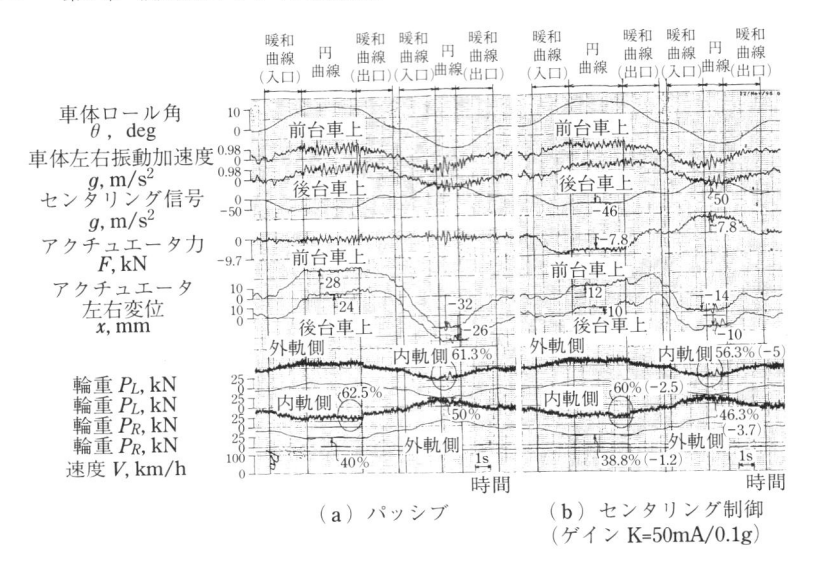

図 6.30 センタリング制御の有・無における波形比較（$R=400\,\mathrm{mm}$, $C_0=105\,\mathrm{mm}$, $V=120\,\mathrm{km/h}$）

　図 6.31 に，超過遠心加速度推定値による床面超過遠心加速度の相殺効果を曲線区間におけるコントローラの周波数特性の分析結果で示す．超過遠心加速度推定値を用いた場合（図中の超過遠心 G の補償あり），0.4 Hz 以下では制御ゲインが小さくなり（0.2 Hz で 8 dB 程度），また，0.4 Hz 以上の位相差はほとんど変化しておらず，所期の効果が得られている．0.2 Hz 以下で位相が大きく変動しているが，ゲインが小さくなっているため問題はない．

　120 km/h（基本速度 +45 km/h）走行時の曲線入口における振動波形比較を，センタリング制御および超過遠心加速度を補償しないアクティブ制御の場合について図 6.32(a) に，またセンタリング制御および床面超過遠心加速度補償を実施したアクティブ制御について図 6.32(b) にそれぞれ示す．図(a)中で，アクティブダンパの変位波形の斜線部は，車体が外軌側に変位して左右動ストッパゴムを圧縮変形させている部分である．図中○部のアクティブ制御の振動制御電流を比較すると，床面超過遠心加速度補償を実施した図(b)では，超過遠心加速度推定値（②, ②'）による床面超過遠心加速度の

6.3 鉄道車両の油圧応用アクティブ振動制御　*171*

相殺により，床面超過遠心加速度を補償しない図(a)と比較して外軌側への変位を増大させる負の制御電流成分(④，④')が減少している．さらに，センタリング制御電流(⑤，⑤')の付加で，曲線中では正の指令電流(⑥，⑥')がサーボ弁に入力され，車体を中立位置方向へ戻す向きの差圧

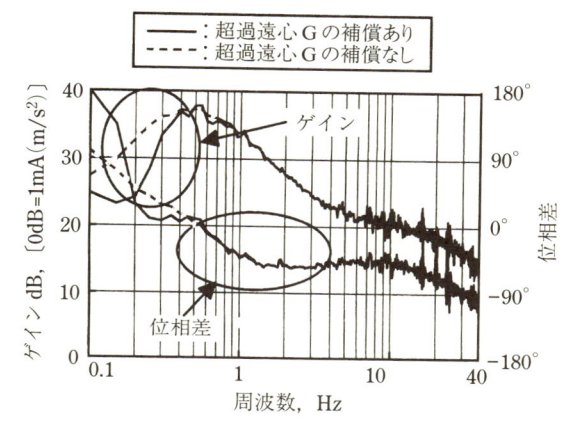

図 6.31　コントローラの周波数特性における超過遠心Gの補償効果

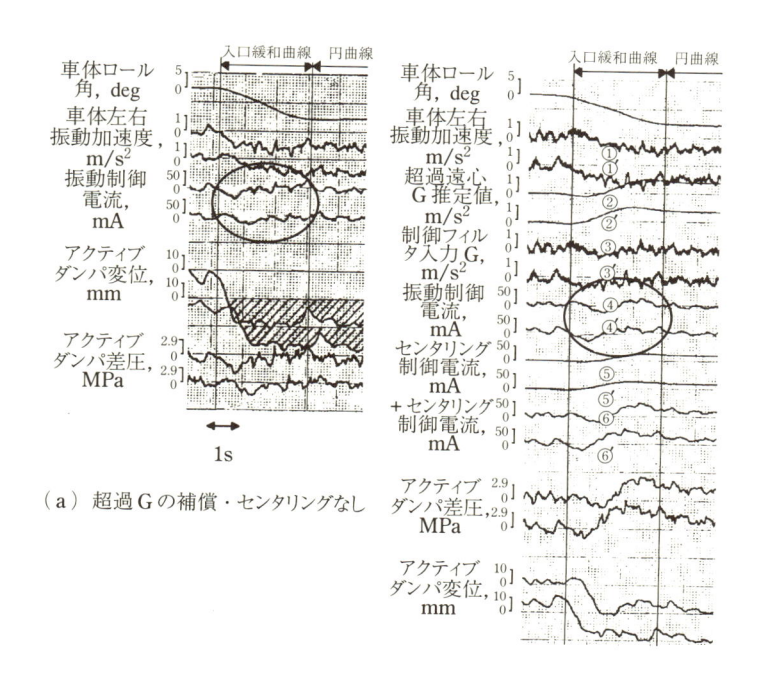

（a）超過Gの補償・センタリングなし

（b）超過Gの補償・センタリングなし

図 6.32　超過遠心加速度の補償とセンタリング制御の有無の比較

がアクティブダンパに発生している．

　以上，超過遠心加速度推定値により車体床面超過遠心加速度を補償したアクティブ振動制御とセンタリング制御の併用で，曲線高速通過時の振動乗り心地を改善できる見通しが得られた．

6.3.5　おわりに

　鉄道車両の振動乗り心地を改善するための一手法として，油圧方式によるアクティブ制御により振動低減の可能性があることを示した．アクティブ振動制御は，軌道を精度高く保つことの難しい状況で，乗り心地向上を進めていく上で適した方式であり，今後の要素技術の進歩に伴い，実用化の可能性が高いと考える．

参 考 文 献

1) 永井・景山・田川：振動工学通論，産業図書 (1995)．
2) 永井ほか（日本機械学会編）：車両システムのダイナミックスと制御，養賢堂 (1998)．
3) 美多：$H\infty$ 制御，昭晃堂 (1994)．
4) Y. Akatsu & N. Fukushima : "An Active Suspension Employing an Electrohydraulic Pressure Control System", XXIII Fisita Congress, Torino, Italy 1990, 905123.
5) 赤津：「アクティブサスペンションによる車両の振動制御」，自技会誌 **46**, 12 (1992)．
6) D. Karnop : Vehicle System Dynamics, **12** (1983) p. 291.
7) W Foag et al. : "Multi-Criteria Control Design for Preview Vehicle-Suspension Systems", 10 th IFAC, **3** (1987) p. 190.
8) 木村・藤岡：「予見制御によるアクティブサスペンションの性能向上に関する理論的研究」，自技会論文集 (1991)．
9) 木村・赤津・戸畑：「プレビューアクティブサスペンションによる振動制御」，自技会論文集 (1994)．
10) H. Tobata, N. Fukushima, K. Fukuyama & T. Kimura : "Advanced Control Method of Active Suspension", Avec 92, Yokohama, Japan, 1992, 923023.
11) 佐々木君章・下村隆行・山口　博・則直　久・中里雅一：機講論，No. 95-36 (1995) p. 104.
12) 檜垣　博・原　邦芳・内山正明・太田博之・大谷直彦：平成 7 年鉄道技術連合シンポジウム講演論文集 (1995) p. 179.
13) 小西　侃・乾　正幸・大石達哉・新村　浩・露木保男：平成 8 年鉄道技術連合シンポジウム講演論文集 (1996) p. 273.
14) 佐々木君章・鴨下庄吾・下村隆行：鉄道総研報告，**10**, 5 (1996) p. 25.
15) 上林賢治郎：「700 系新幹線電車（量産先行車）の概要 (9)」鉄道車両と技術 (1998-10) p. 17.

16) 岡本　勲・小柳志郎・檜垣　博・寺田勝之・笠井健次郎：機論C編，**59**，494 (1987) p. 2103.
17) 竹縄慎二・浜辺真篤・清水誠一・玉生士人・小泉智志・平田都史彰：機講論，No. 95-36 (1995) p. 112.
18) 則直　久・田中徳和・丸山佳之・松井敏明・小泉智志・石原広一郎：機講論，No. 97-13 (1997) p. 175.
19) 檜垣　博・瀬畑美智夫・山田博之：機講論，No. 930-63 (1993) p. 174.
20) 檜垣　博・吉江則彦・梅澤康裕・田中徳和・瀬畑美智夫・山田博之：機講論，No. 930-81 (1993) p. 71.
21) 根来尚志・丸山佳之・平田都史彰・佐々木浩一・加藤博之：機講論，No. 95-1 (1995) p. 157.
22) 瀬畑美智夫・檜垣　博・掛樋　豊・原　邦芳・佐々木浩一・加藤博之：機講論，No. 95-28 (1995) p. 317.
23) 此川　徹・村田　充・坪井順二・佐々木浩一・荒井順一・加藤博之：機講論，No. 95-10 (1995) p. 101.
24) 上林賢治郎・臼井俊一・大塚智広・西　義和・松島博英・村上　清：機講論，No. 97-12 (1997) p. 73.
25) 牧野和宏・檜垣　博・原　邦芳・佐々木浩一・川上哲広：機講論，No. 97-12 (1997) p. 83.
26) 瀬畑美智夫・檜垣　博・掛樋　豊・長谷川武広・佐々木浩一・川上哲広：機講論，No. 97-12 (1997) p. 79.
27) 小柳志郎・岡本　勲・藤森聡二・寺田勝之・檜垣　博・平石元実：機論C編，**55**，510 (1989) p. 373.

第7章 高効率油圧システム

7.1 はじめに

　ほとんどすべての油圧システムはエネルギー効率を考えて設計され高効率システムになるべきである．しかし，特に高効率を第一義的に考えるシステムは長時間連続的に運転されるか，あるいはパワーの大きい場合に絞られてしまう．

　油圧要素の効率向上，例えばポンプの効率向上が一番重要ではあるが，容積機械の本質的特長から抜本的向上は簡単ではない．例えば，アキシャルピストンポンプの場合，最高効率は大容量機では92〜93％となるが，いい換えると最大馬力点でそれだけの損失があるということである．損失は，主に摩擦損であるから部分負荷になっても大きく変わらない．そのため効率低下が顕著になってくる．

　斜板ポンプは，構造が単純でタンデム結合が容易，レギュレータが簡単になるということで，近年主流になってきた．それでも，斜軸ポンプより効率が1％程度悪いといって問題視される．ポンプの効率を数％を争っているということは，それほど部品レベルの効率向上が難しいことを物語っている．

　これに対して，バルブ単品にエネルギー効率があるとすると，その原因は圧損であろう．バルブのスプールまたはポペットを大きくし，油路を十分大きくとれば圧損は減少するが，バルブ自体が大きくなり経済性が損なわれる．

　以上のように油圧要素の効率向上を追求することは必要ではあるが，必ずしも即効的ではない．そこで登場するのは，油圧回路，システムの効率向上である．

7.2　定圧力源システム（Constant Pressure System, またはSecondary Regulating System：略称CPS）

　表7.1は各種の油圧トランスミッションの特性を示すものであり，HST

表7.1 油圧トランスミッションの特性

	名称	形	特長	出力トルク T_0	出力速度 N_0	出力圧力 P_c	コメント
1	HST	T_i, N_i / T_0, N_0 / D_p / D_M	無段変速	$T_0 = \dfrac{D_M}{D_p} T_i$	$N_0 = \dfrac{D_p}{D_M} N_i$		
2	トランスフォーマ	P_s / P_c / D_p / N_i / N_0	圧力制御	$T_0 = T_i$	$N_0 = N_i$	$P_c = \dfrac{D_M}{D_p} P_s$	シリンダ制御
3	HMT バタリーニ	T_i, N_i / T_0, N_0 / D_p / D_M	1と2の中間特性	$T_0 = \left(1+\dfrac{D_M}{D_p}\right) T_i$	$N_0 = \dfrac{1}{\left(1+\dfrac{D_p}{D_M}\right)} N_i$		HONDA HFT
4	HMT 長友	T_i, N_i / T_0, N_0 / D_p / D_M	1と2の中間特性	$T_0 = \dfrac{1}{\left(1+\dfrac{D_p}{D_M}\right)} T_i$	$N_0 = \left(1+\dfrac{D_p}{D_M}\right) N_i$		
5	CPS	$P_s\sim$	無段変速	$T_0 = \dfrac{D_M}{2\pi} P_s$			

D_p, D_M:ポンプおよびモータの容量(cc/rev)

(Hydro-Static Transmission)トランスフォーマ,HMT(Hydro-Mechanical Transmission)およびCPS(Constant Pressure System)を示している.ここでは,CPSとトランスフォーマについて説明する.

CPSは,図7.1に示すように一次側(Pライン)の圧力を一定に保持し,二次側を制御するのが基本であり,両傾転油圧モータを使用するのが一般的である.シリンダ駆動はバルブ制御あるいはトランスフォーマによる.L,Tはおのおののドレンおよびタンク回路である.

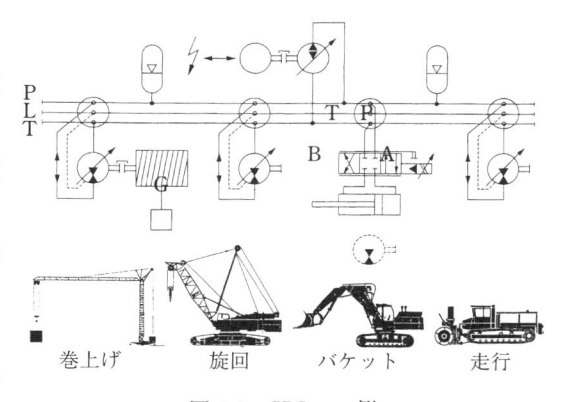

図7.1 CPSの一例

第7章 高効率油圧システム

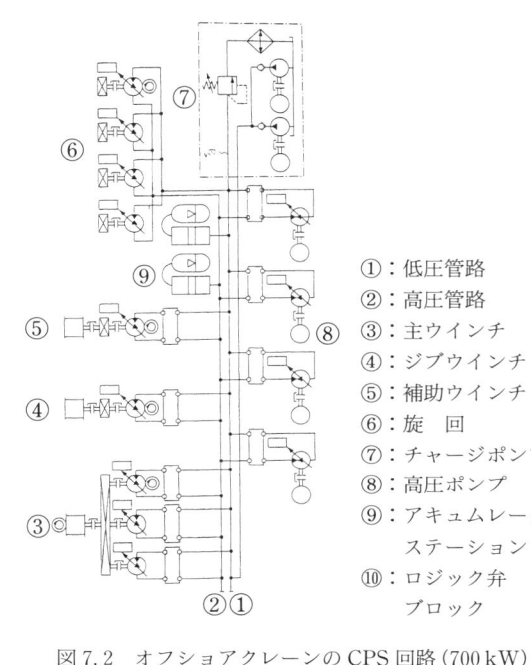

①：低圧管路
②：高圧管路
③：主ウインチ
④：ジブウインチ
⑤：補助ウインチ
⑥：旋　回
⑦：チャージポンプ
⑧：高圧ポンプ
⑨：アキュムレータ
　　ステーション
⑩：ロジック弁
　　ブロック

図7.2　オフショアクレーンのCPS回路（700 kW）

CPSは，日本でも委員会ができ関心が深くなっているが，その歴史は1980年頃からである．実用化まで持ってきたのは，ドイツのレックスロス社のコルダックであり，彼抜きにCPSは語れない[1,2]．同社のCPSの応用例は多岐にわたるが，クレーンの場合を図7.2，図7.3に示す．前者は700 kWパワーを持つオフショアクレーンへの応用である．クレーンは油圧モータを使用するのでCPSに好適であり，特にエネルギー回収ができるメリットがある．後者はモービルクレーンへの応用であり，油圧モータとともにシリンダ駆動もある．ただし，後者は単純なバルブ操作形である．CPS化することにより一次系が簡単になりコスト的に

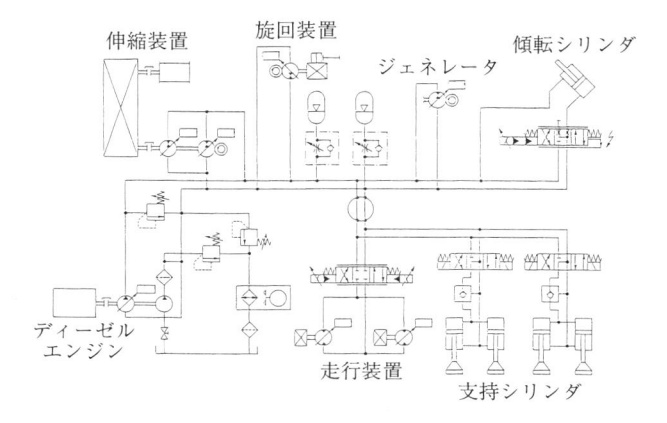

図7.3　モービルクレーン

7.2 定圧力源システム　177

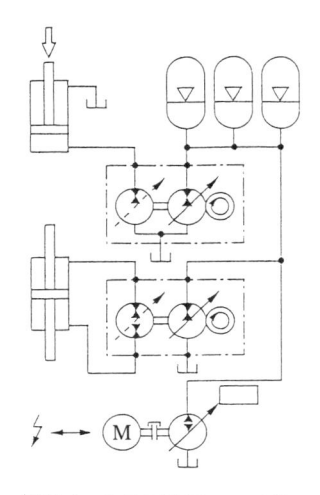

図 7.4　トランスフォーマの
　　　　シリンダ駆動への応用

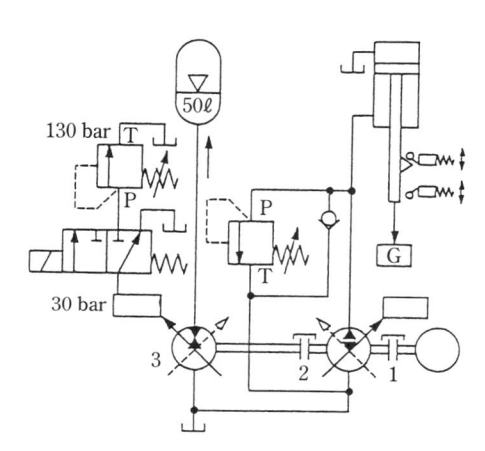

図 7.5　石油掘削ポンプの CPS 回路

も有利であるとしている．

　CPS は，基本的に油圧モータ駆動でありバルブ圧損が生じないことを基本としている．そのために表 7.1 の 2 に示したトランスフォーマ (TF) が考えられた．TF は絞り損が生じないので効率がよいことは事実であるが，1 本のスプールの代わりに 2 個の油圧ポ

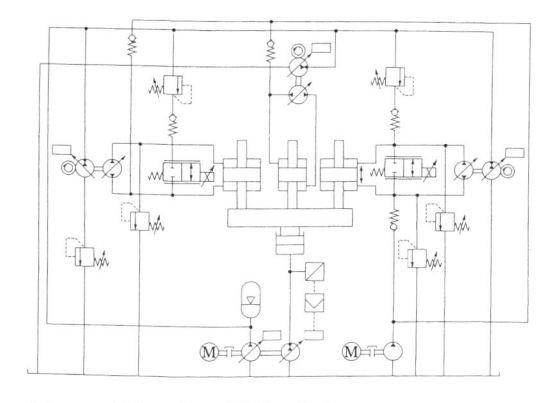

図 7.6　対称シリンダ駆動の場合のトランスフォーマ
　　　　回路

ンプ/モータのアセンブリになるので，高価にならざるを得ない．果たしてどこに使えるのか，実用性があるのか疑っていたが，レックスロス (R 社) では，既にプレスなどへの応用例を持っていた．TF によるシリンダ駆動の応用回路は図 7.4 に示すとおりであり，出力圧を直結したポンプ/モータの容量比で制御する．

　図 7.5 が石油掘削ポンプの CPS 回路であり，TF の 3 に示すポンプ/モー

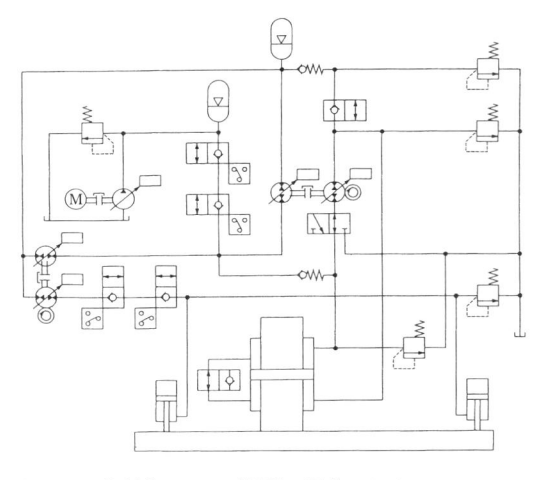

図 7.7 非対称シリンダ駆動の場合のトランスフォーマ
回路 (1)

タでアキュムレータへエネルギーをチャージして起動時にそのエネルギーを利用する．連続的に動く機械であるので，TF の省エネルギー特性が評価されたと思われる．

トランスフォーマの応用として一番注目されるのは大型プレスである．1 000 ton の冷鍛プレスをトランスフォーマ駆動して従来 1 300 kW のパワーを 400 kW まで下げえたとの報告がある．1/3 までなれば CPS の初期投資も回収されるということであろう．図 7.6 が対称シリンダ駆動の場合の TF 回路であり，3 個のシリンダに 3 個の TF である．TF のポンプとシリンダは閉回路を形成している．

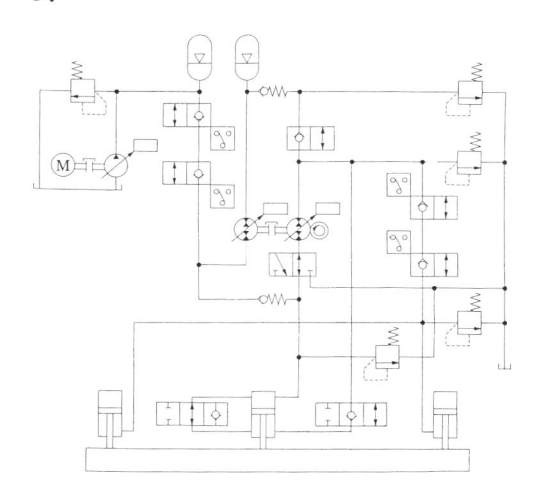

図 7.8 非対称シリンダ駆動の場合のトランスフォーマ
回路 (2)

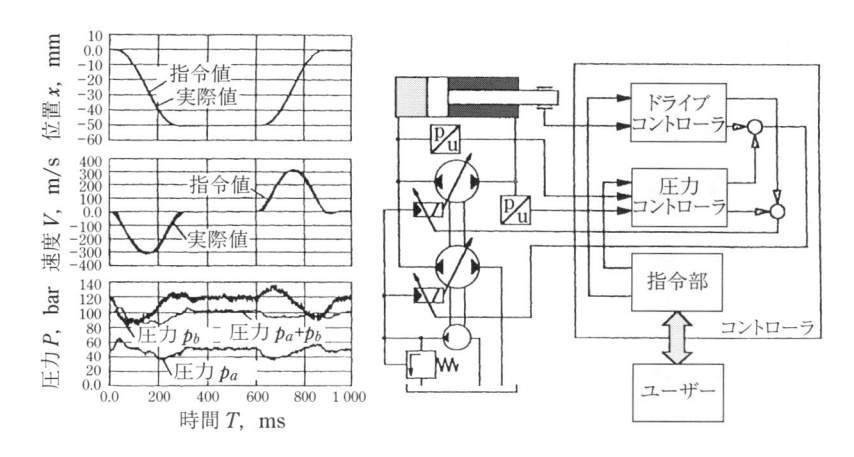

図7.9 ポンプの一次制御の非対称シリンダへの応用

　図7.7は，クイックリターン用に非対称シリンダを入れもので，加圧工程と戻り工程に少し工夫したものである．図7.8は，図7.7とシリンダの構成が若干異なる場合のTF回路である．いずれにしてもTFを実用化し十分な効果を出したところが評価される．

　図7.9はアーヘン工大の例であり，一次側制御でCPSと同じような効果をねらった例である．二つの可変ポンプを制御して非対称シリンダのサーボ制御をしており，よい加減速特性を得ている．可変ラジアルのタンデムポンプを使用している．バルブ制御でないので，位置決め精度がセンサの分解能まで行くかどうか疑問があるがおもしろい油圧回路である．

7.3　油圧トランスミッション

7.3.1　CPSによる駆動法

　前述のCPSは油圧トランスミッションの一つであり，これを無人運転のコンテナ輸送用車両に適用した例を図7.10に示す．ディーゼルエンジン駆動の油圧ポンプで一次側圧力を制御し，二次側は油圧モータの容量制御による．バルブ制御と異なり圧損はないが，モータの効率がそのまま駆動系の効率となるのでモータの発生トルクは 容量(D_M)×一次圧(P_S) に比例する．部分負荷では D_M を大きく P_S を下げるのが効率的である．すなわち，図7.11

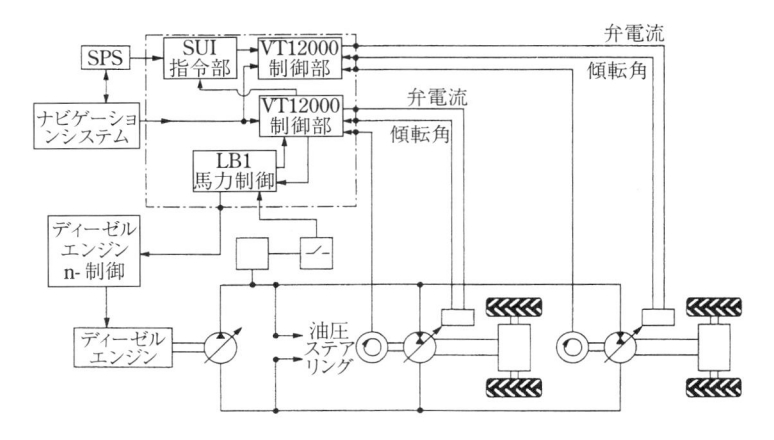

図 7.10　CPS による車輌の駆動法

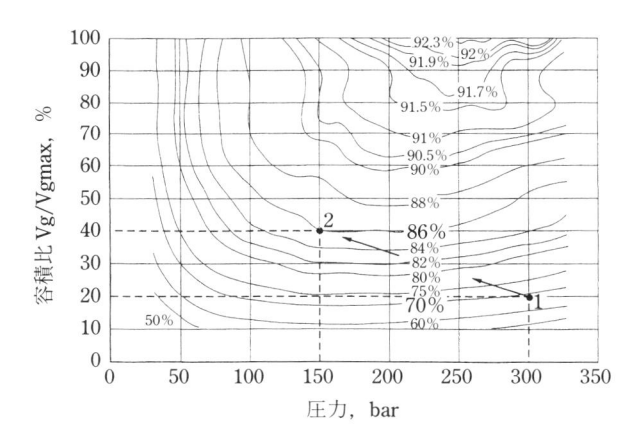

図 7.11　CPS システムに適用するアキシャルポンプ/モータの性能

に示すように，動作点をトルクを一定条件で 1→2 に示すように変える制御が行なわれる．CPS の概念を部分負荷で拡張した場合である．

　CPS は開回路であるので負荷変動に弱い．特に，中立時には外乱トルクにより回転角が変化するので，いろいろな対策が必要とされる．例えば，中立時にはバルブでブロックさせるとかワンウェイまたは 2 ウェイクラッチを使用して回転を止める．いい換えると，外乱が小さい車両系の駆動には好適である．

7.3.2 HST による車両の駆動法

建機車両においては，HST(Hydro-Static Transmission)が変速の容易さと負荷変化に対して速度変動が小さい二つの理由で盛んに使用されている．ここでは，建機車両の中で最も HST 化が進んでいるホイールローダ

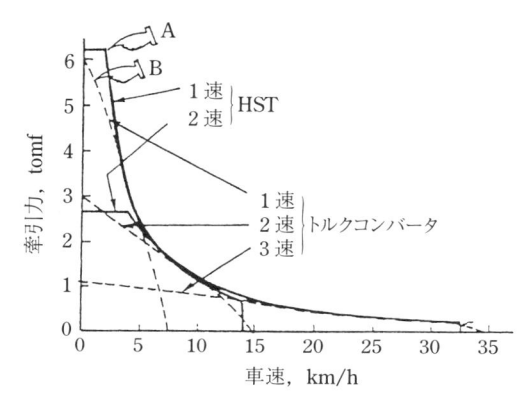

図 7.12 ホイールローダの走行性能線図

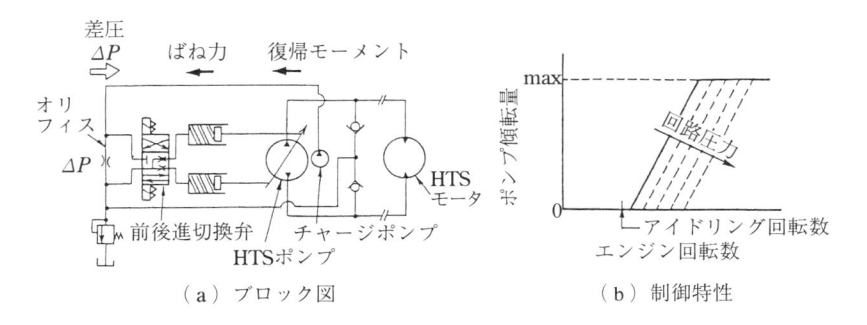

図 7.13 オートモーティブ制御
(a) ブロック図
(b) 制御特性

(WL)走行駆動系を取り上げる[3]．

7 ton クラスの走行性能図は図 7.12 のように示される．HST のみでは速度範囲が狭いので，1速，2速のギヤチェンジをして速度範囲をカバーする．トルクコンバータの特性と比較しているが，低速時の特性はトルクが落ちないため HST が勝る．これが HST がホイルローダに使用される一つの理由でもある．HST を操作しやすい形にしたのがオートモーティブ制御であり，図 7.13(a)にブロック，同図(b)に制御特性を示す．エンジン回転数に比例してポンプ傾転量を増し，回路圧力に反比例してポンプ傾転量を下げる方式である．これにより，エンジンのストール防止とともに加減速が滑らかにトルコン的になる．図 7.14 が上記制御の実装例で，FBA と呼ばれる回路であ

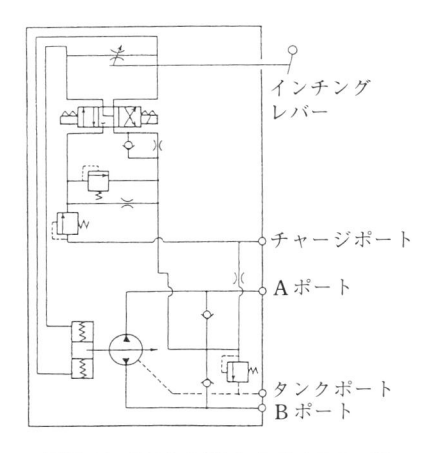

図 7.14 FBA 制御方式 (SAUER 社)

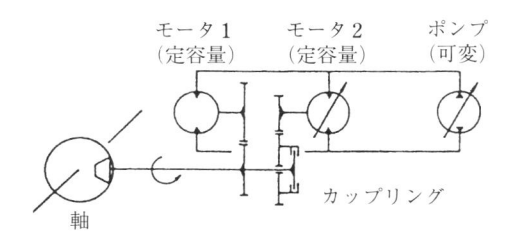

図 7.15 車両用 1 P-2 M HST (O & K 社)

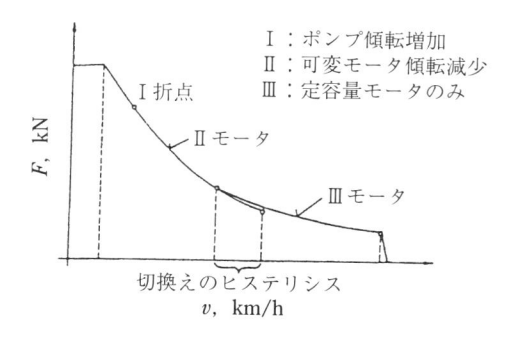

図 7.16 1 P-2 M HST の走行性能図

る.

小型の HST であれば，上記のように 1 ポンプ(1 P)1 モータ(1 M), 1 P-1 M で高速時の効率低下はそれほど気にならない．しかし，エンジンパワーが大きい場合には高速時の効率低下は速度自体も速いため燃料の増加につながるので，何らかの対策が必要となる．

図 7.15 が O & K 社によって提案されたシステムで，ハイドロトランスマチックと呼ばれており，一つのポンプに二つのモータがつながる 1 P-2 M 系である[4]．モータ 1 は定容量，モータ 2 は可変容量である．

走行性能は図 7.16 のように三つに分けられる．Ⅰはモータ 2 が最大容量を保持しつつポンプ容量を上げていく過程で従来と変わらない変速域である．Ⅱは，モータ 2 の容量を下げて速度を上げる車速上昇の行程である．100 cc/rev 級のモータでは，傾転角 α が 0.6° 位になると損失のために自身が止まってしまう．すなわち，傾転角を限度以上小さくすると損失が大きくなりすぎる．このため，ある程度になるとモータをクラッチ操作で HST から切り離すことが得策となる．Ⅲは定容量モータのみの運転域であり，ポンプ容量を上げることにより変速す

る．図7.17(a)は油圧モータの付いた出力段の外観，図(b)はその断面である．

図7.18は各種HSTの構成を示したものであり，

- No.1：通常の1P-1Mでギヤシフトなし
- No.2：1P-2MでM₁, M₂ともに可変で直結
- No.3：1P-1Mでギヤシフトあり，中型機で多い
- No.4：1P-2Mで今まで説明したタイプ
- No.5：1P-2MでM₁, M₂とも可変

これらの変速比 W は表7.2にまとめられている．番号順に変速比が多くなる．

図7.19は，ポンプの容量比 $q(=Q_{max}/Q_{pmax})$ を横軸に，また縦軸に変速比 W とし，ハイドロトランスマチック（HTM；図7.18のNo.4）と2速ミッション（図7.18のNo.3）をミッションの減速比 i をパラメータにして比較したものである．$q>2$ になるとHTMが変速比が多くとれることになる．両者のエネルギー効率比較をしたのが図7.20である．1P-1M，パワーシフトは高速域で効率低下が著しいが，HTMは逆に高速域で効率的になる．しかし，低

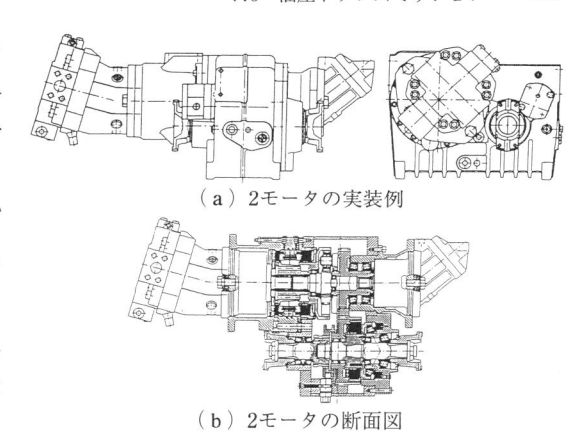

（a）2モータの実装例

（b）2モータの断面図

図7.17 油圧モータの付いた出力段

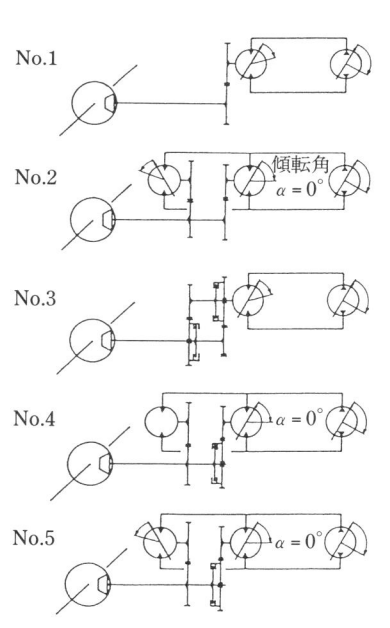

図7.18 各種HSTの構成例

表7.2 各種HSTの速度比（g：ポンプ変速比，f：モータ変速比，i：ギヤシフト変速比）

NO	駆動系	油圧モータの種類と数	変速比 W 式	平均的な値
1	可変モータ直結型	1. 可変モータ	$W = gf$	$W = 3.5 \times 2.5 \fallingdotseq 9$
2	2個の可変モータ直結型	1. 可変モータ容量 V_2，0°まで可変可能 1. 通常の可変モータ容量 V_1	$W = g\dfrac{V_1 + V_2}{V_1}f$	$W = 2.5 \times 2.4 \times 2.5$ $= 15$
3	可変モータ＋パワーシフト	1. 可変モータ	$W = gfi$	$W = 2.5 \times 2.5 \times 2.8$ $= 17.5$
4	ハイドロトランスマチック型(一般)	1. 可変モータ容量 V_2，0°まで可変可能 1. 通常の可変モータ容量 V_1	$W = \dfrac{V_1 + V_2 i}{V_1 + V_2 i/f}g$ $= g[f(g-1)+1]$	$W = 2.5[5.0$ $\times (2.5-1)+1]$ $= 21$
5	ハイドロトランスマチック型(特殊)	1. 可変モータ容量 V_2，0°まで可変可能 1. 通常の可変モータ容量 V_1	$W = g[f(g-1)+1]f$	$W = 2.5[5.0$ $\times (2.5-1)$ $+1] \times 1.6$ $= 34$

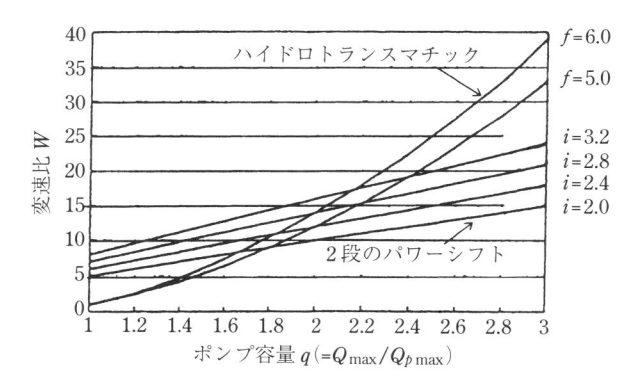

図7.19 ポンプ容量比をパラメータにした場合のハイドロトランスマチックと2段パワーシートの変速比の比較（f：モータ変速比，i：ギヤ比）

速から中速域ではパワーシフトに劣る場合が生ずる．

7.4 HMT（Hydro-Mechanical Transmission）

HST自体も，上述のように1P-2Mの構成にしてエネルギー効率を高める努力をしており，全域で75〜80％程度の効率になっている．しかし，常

時回転する機械，あるいは長時間・長距離運転される車両では，さらなるエネルギー効率の向上が必要である．この目的でHMTが古くから試みられたが，構造が複雑になるなどの理由で本格的実用化に至らなかった．しかし，近年ようやく構造が簡単な形(バタリーニ型)が商用化に至ろうとしている[5]．

HMTの開発は高速車両を対象としている．基本的方式としては，表7.3に示すように入力結合型といわれる速度分割型と出力結合型と称されるトルク分割型の二つに分類される．前者は低速時油圧パワーの伝達が大きく，高速になると油圧パワーはほとんど伝わらず，大部分がメカパワーによるのでHMTとしては有利となる．これに対して，後者は上記と逆特性となる．すな

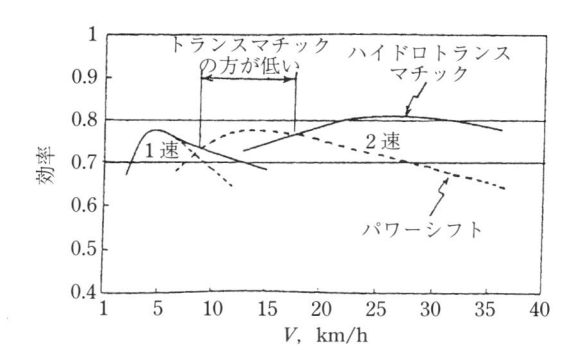

図7.20 ハイドロトランスマチックと2段パワーシフト変速の場合の効率の比較

表7.3 基本的なHMTの形

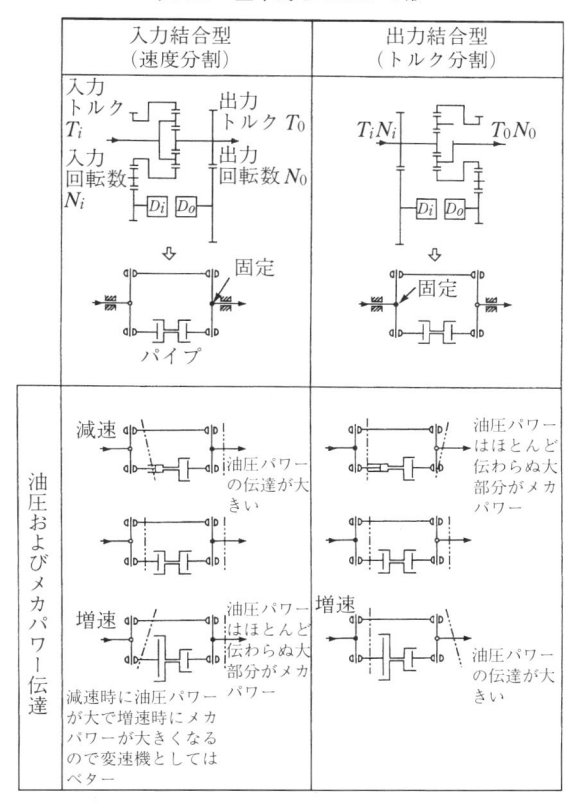

	入力結合型 (速度分割)	出力結合型 (トルク分割)
	入力トルク T_i，入力回転数 N_i → 出力トルク T_o，出力回転数 N_o，D_i D_o，固定，パイプ	$T_i N_i$ → $T_o N_o$，D_i D_o，固定
油圧およびメカパワー伝達	減速：油圧パワーの伝達が大きい 増速：油圧パワーはほとんど伝わらぬ大部分がメカパワー 減速時に油圧パワーが大で増速時にメカパワーが大きくなるので変速機としてはベター	減速：油圧パワーはほとんど伝わらぬ大部分がメカパワー 増速：油圧パワーの伝達が大きい

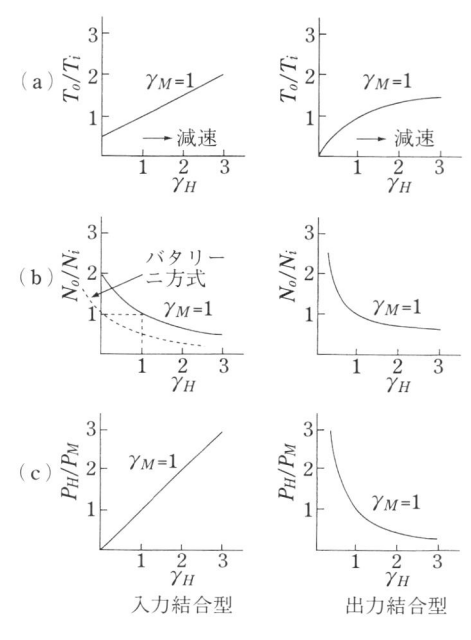

図 7.21 一般的 HMT の特性（γ_M：機械系の減速比，γ_H：油圧系の減速比）

わち，低速時ではメカパワー，高速時では油圧パワーの伝達が大きいので，トランスミッションには向かない．油圧およびメカのパワー伝達の様子は表 7.3 に示した．図 7.21 は，$\gamma_H = D_0/D_i$ をパラメータにしてトルク比 T_0/T_i，速度比 N_0/N_i，パワー比 P_H/P_M を求めたものである．ここで，D_0, D_i はポンプおよびモータの容積である．入力結合型では $\gamma_H \to 0$ で N_0/N_i が大きくなる領域で $P_H/P_M \to 0$ になる．出力結合型では，その逆になることは既に説明した．

乗用車，モータバイクなどの高速車両に対する油圧トランス

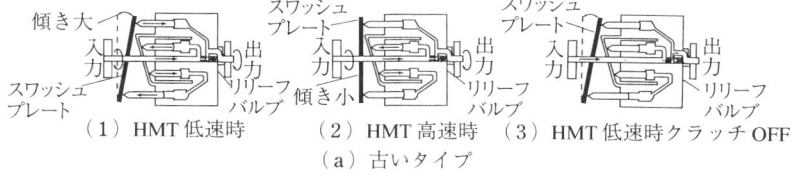

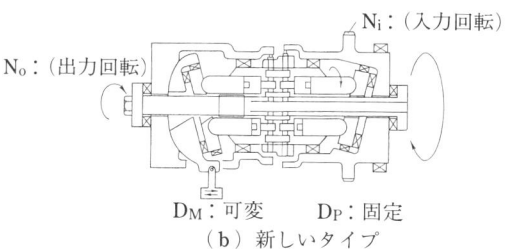

（1）HMT 低速時　（2）HMT 高速時　（3）HMT 低速時クラッチ OFF
（a）古いタイプ

N_o：（出力回転）　N_i：（入力回転）

D_M：可変　D_P：固定
（b）新しいタイプ

図 7.22 バタリーニ型トランスミッション

ミッションの研究は失敗の連続でまさに執念の歴史といえるが，バタリーニ型ミッションの実用化でやっと実用域に近づいた．このミッションは歯車を一切用いないことに特長がある．図7.21(b)の鎖線がこの特性であり，入力結合型に属する．す

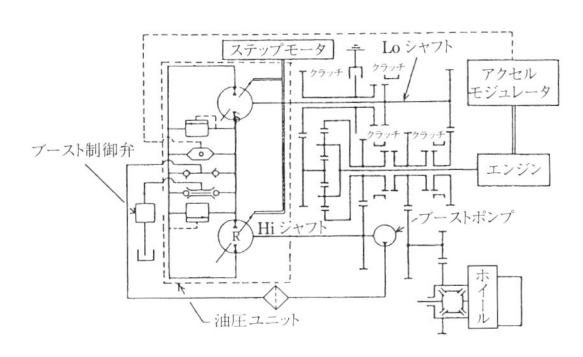

図7.23 可変ラジアルポンプ/モータを使用したHMT[6]

なわち，一般的な入力結合型の $\gamma_H = 1$ を原点とした形になっている．

バタリーニ型は，当初図7.22(a)に示すようにポンプ/モータが半径方向に配置されていたが，近時ホンダによって図(b)に示すように軸方向にポンプ/モータが並ぶタンデム型が開発され，効率が向上した．このHMTの効率は，モータバイクの場合，平均して92%に達すると報告されている[5]．

上記のHMTでは，必ずしも変速比を大きくとれない場合，パワーシフトが必要となる．この変速を連続的に行なう方法の一つとしてオーシャンスキミッションと呼ばれるものがある．高速型の可変ラジアルポンプ/モータを上記ミッションに組み合わせ車両に適用した結果が報告されている[6]．図7.23に，このHMTの全体ブロックダイアグラムを示す．この方式は，実験レベルに留まったせいか，走行性能，効率についての詳細はわからない．

HMTとして実用レベルに近づいているのは，戦車などの特殊なものを除いてはバタリーニ方式しかなさそうである．一つには，歯車列を使用するHMTは複雑で高価であることも原因と思われる．バタリーニ方式は，変速比は小さく，かつ正転のみで能力は限られているが，歯車を使用していないこともあって構造が単純である．これも実用化に近い原因であろう．

7.5 車両におけるエネルギー回収システム

トラック，バスなどの大型車両において，ブレーキ・エネルギーを回収して起動時の加速エネルギーに利用しようという試みはボルボに始まり本邦に

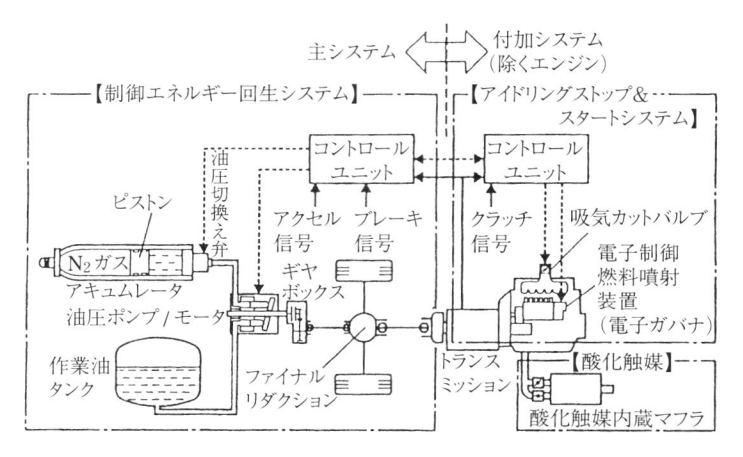

図 7.24 バスに適用されているアキュムレータ式エネルギー回収システム[2]

も導入されている．

図 7.24 にバスに適用されたシステムを示す[2]．ブレーキ時にポンプをポンピングさせてアキュムレータに蓄圧し，加速時にはモータリングさせて駆動力を得ようとする方式である．原理的には簡単であるが，ブレーキ，アクセル信号を取り込み，油圧ポンプ/モータの容量制御するとともにアキュムレータを ON‐OFF させるので，インテリジェントコントローラが必要である．アキュムレータの代わりにフライホイールも試みられているが，実用例は少ない．

7.6 マルチアクチュエータ開回路における省エネルギーシステム

マルチアクチュエータ回路の代表例としてショベルのシステムを考えることにしよう．まず第1に，現在の油圧システムにとって一番大事なのは可変ポンプ制御である．ポンプ吐出量を負荷の状況に応じて加減し，リリーフさせず必要な量だけ吐出する方式である．

油圧ショベルの油圧システムは，上記可変ポンプを1〜2台使用することを前提として表 7.4 に示すように2P・ネガコン，1P・ロードセンシング(LS)，あるいは2P・LS など，多くのシステムが実用されてきた[7]．これ

表7.4 油圧ショベルの油圧システム

No.	名称	バブル制御方式	ポンプ制御方式	機能	特徴・効果
1	2P・ネガコン	*オープン・センタ *2バルブ背面合わせ *スプール9本	*ネガティブ制御 *2ポンプ独立	*タンデム・パラレル回路にて複合性実現. *走行独立	*システム構成簡単 *アクチュエータの起動特性が滑らか(ショックが少ない,ダンピングがきいており安定)
2	1P・LS・VPC	*クローズド・センタ *2バルブ背面合わせ *スプール7本 *可変圧力補償弁	*ロードセンシング制御 *1ポンプ制御	*パラレル回路＋可変圧力補償弁(VPC)にて複合性実現 *1ポンプ分流をVPC差圧をマイコンで制御して実現	*全アクチュエータに分流可能 *メータリングが負荷圧に依存せず一定 *負荷圧フィードバックにより力制御ができる
3	2P・LS・VPC	*クローズド・センタ *可変圧力補償弁(VPC)のアフタオリフィスタイプバルブ構成 (a) 1スプールに2ポンプ合流 (b) 従来例の1スプール/1ポンプ	*ロードセンシング制御 *2ポンプ独立制御	*走行独立機能付与 *VPCによる分流特性付与	*全アクチュエータに分流可能,複合性改良 *2Pネガコン並みの流量付与化

らのシステムでは,第1に操作性がよいことが考えられてきた.エネルギー効率はもちろん重要ではあるが,少なくとも表7.4の代表的システムでは決定的な差が認められないので大きな争点にならなかった.これは評価方法の問題もあるが,ショベルの作業自体が複雑で負荷変動が著しいことも原因している.

例えば,1P・LSより2P・LSの方が操作性もエネルギー効率もよいと思われるが,実際はそれほどの差がない.相手が土で,かつ油圧システム同士の比較であるので,このような結論になるのかも知れない.あるいは6～7アクチュエータに対し,1～2ポンプでは,いずれにしてもバルブ圧損が大きくなるということであろう.負荷変化が大でかつ複合動作が多い場合

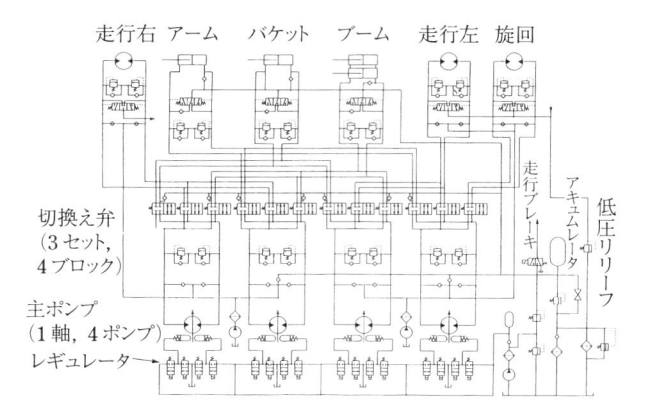

図7.25 HST駆動式油圧ショベル

表7.5 バルブ制御とポンプ制御の比較

	バルブ制御の開回路	ポンプ制御の閉回路
回路効率	×	○
負荷補償性	×	○
ダンピング特性	○	×

には，慣用的なシステムでは高いエネルギー効率は望めない．この立場から，HSTに近いマルチポンプ駆動のシステムが検討された[8]．

図7.25が四つの可変ポンプを使用するシステムであり，3セット1組の4ブロックのスイッチバルブを持っている．大流量を消費するブームには3P(ポンプ)，中流量の走行，アーム，バケットには2P，旋回には1Pが割当てられている．実際にバルブを切り換えるタイミングチャートは，レバーの操作状況に応じて最適な組合せが選ばれる．表7.5はバルブ制御とポンプ制御の比較をしたものである．効率はもちろん，ポンプ制御システムの方が高く，負荷変動に対して強くなるがダンピング特性が悪くなる．

このシステムは，油圧モータが負荷となる場合にはHSTとなるが，シリンダ負荷の場合は半閉回路となる．図7.26(a)は，アームに対して絞り弁タイプのフラッシング弁を適用した場合である．アームは振り子運動であるから角度によって様相が異なる．すなわち，アームの引込み時(クラウド時)，前半はブレーキングしつつ運動するのでヘッド側からメイクアップ，後半は加圧しつつ運動するからロッド側からメイクアップする．また，アーム押出

7.6 マルチアクチュエータ開回路における省エネルギーシステム

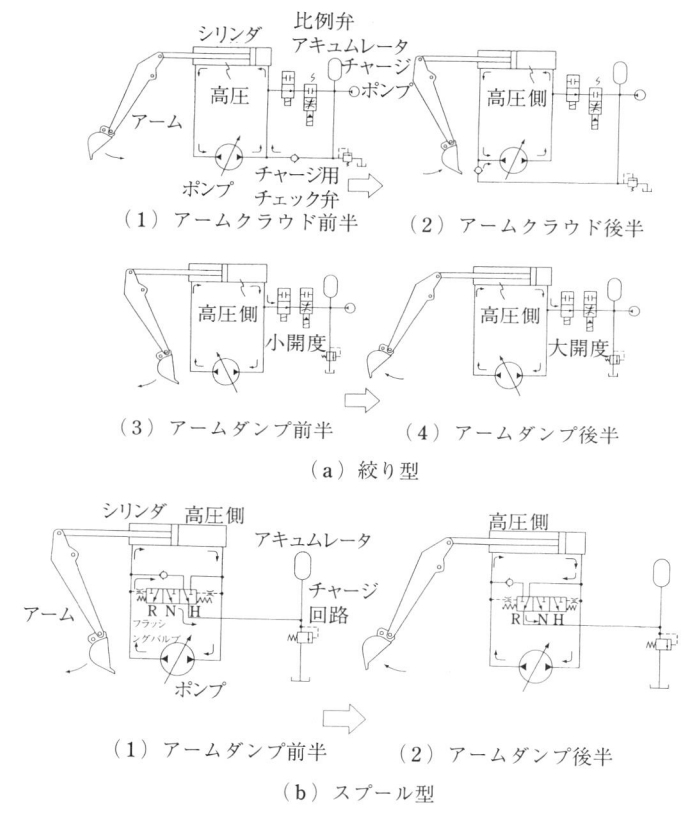

(a) 絞り型
(1) アームクラウド前半
(2) アームクラウド後半
(3) アームダンプ前半
(4) アームダンプ後半

(b) スプール型
(1) アームダンプ前半
(2) アームダンプ後半

図7.26 フラシングバルブの挙動

し時(ダンプ時),前半はヘッド側より絞り弁を少し開いて高圧油をアキュムレータにチャージ,後半は絞り弁を大きく開いて同様にアキュムレータにチャージする.

このチャージエネルギーは他のアクチュエータの運動に利用できる.以上のプロセスで明らかなようにチャージ回路に絞りがいるので,ある程度のエネルギー損失を伴うのは避けられない.しかし,チャージ部分のみの損失であるので,通常のバルブ制御に比べて小さくなる.図7.26(b)は,スプール型のフラッシング弁の回路である.アームダンプ前・後半の動作を示しているが,チャージ回路部分での若干のエネルギー損失を生じているのは同様で

7.7 プレス分野における省エネルギー回路

サーボモータとボールスクリュで基本的な直線動作はできるが，この組合せではボールスクリュの推力 $F=(2\pi/L)T_M$ で決まる．ここで，L：ボールスクリュのリード，T_M：モータのトルクであり，L を余り小さくすることができないので，減速比が小さく大きな推力を出すことに向いていない．

これに対して AC サーボで固定ポンプを駆動する場合は，ポンプ容量を $D_p(\mathrm{cm^3/rad})$ とすると，圧力 $P=(2\pi/D_p)T_M$，流量 $Q=D_p N\,(\mathrm{cc/min})$ で与

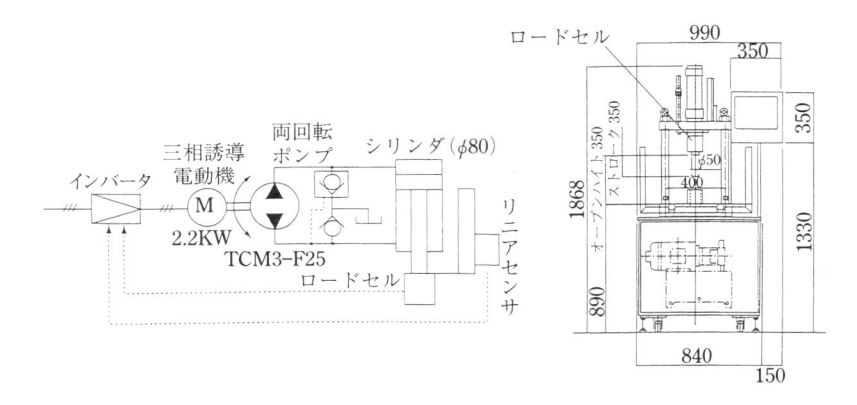

図 7.27 インバータ制御かしめ機

えられる．ここで，N：モータ回転数，シリンダの断面積を S とすると，推力 $F=SP=2\pi S/D_p\,T_M$，速度 $V=D_p N/S$ となる．すなわち，速度比は S/D_p に比例するので，S を大きくすれば高減速比となり大推力が得

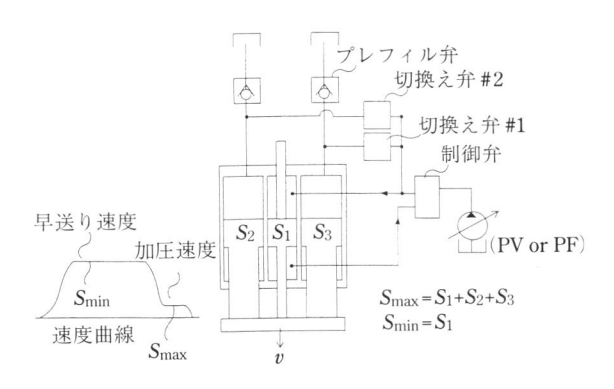

図 7.28 大型プレスの制御回路

られる．また，速度はそれだけ小さくなるのは当然である．

すなわち，アクチュエータの出力が大きいことが第一義的であり，低速度でよい場合，プレス，成形機などにはこの方式のメリットが大きい．比較的安価な IM 型可変速モータ技術と油圧駆動の特長，低速度，大出力がうまく結びつく一例である．

ボールスクリュでは出力は小さいが，油圧に変換して出力を大きくできる．このような考え方を応用したインバータ制御かしめ機を図 7.27 に示す．かしめ力は最大 5 ton であり，プレスとしては小型に属する．回路効率が高くなり電力量が 4％ 減少したとのことである．

近年，大型プレスにおいてもサイクルタイムを短くエネルギー効率向上が強く望まれるに至り，図 7.28 に示すような回路が使用されている．仕事をしない時は速度を早くする方式である．この場合は，シリンダを 3 台組み合わせ，高速時 1 台の小径シリンダ面積 S_1 を制御し，他の大径シリンダ面積 S_2，S_3 はプレフィル弁につながりメイクアップされる．

加圧時は，切換え弁 #1，#2 を励磁し，全シリンダを同時にサーボ制御する．プレフィル弁は閉まる．すなわち，速度が必要なときは等価的にシリンダ有効面積を小さくし（$S_{min} = S_1$），推力が必要なときは等価的にシリンダ有効面積を大きくする（$S_{max} = S_1 + S_2 + S_3$）シリンダ面積可変制御が大型プレスでは一般的である．ポンプとしては固定ポンプ（PF）あるいは可変ポンプ（PV）が目的によって選択される．上記の二つのケースの対する図 7.28 のシリンダの動作状態を図 7.29 に示す．パワーを点 B で合わせれば，高速時動作点は PV の場合は点 A，PF の場合は点 C となる．PF および PV に対応する早送り速度（S_{min} に対応）/加圧速度（S_{max} に対応）の値をそれぞれ n_F，

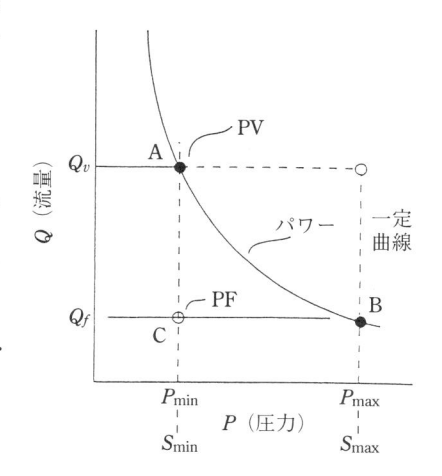

図 7.29　図 7.28 のシリンダの動作状態（固定および可変容量ポンプの比較）

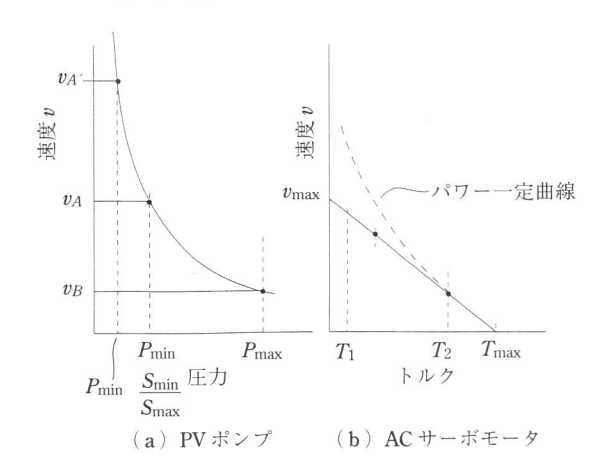

図7.30 PV＋分割シリンダ(油圧)とACモータ駆動(電動)の速度比較

(a) PVポンプ
(b) ACサーボモータ

n_V とすると，$n_F = S_{max}/S_{min}$，$n_V = (S_{max}/S_{min})(Q_V/Q_F)$ となり，PVの方が大きくなる．

図7.30(a)は，PVと上記分割シリンダ(油圧)の場合のシリンダ速度 V と圧力との関係をまとめたもので，単シリンダなら V_a しかでない速度をシリンダを分割することにより V_a' まで高め得たことを示す．図7.30(b)はACサーボモータで，スクリュ駆動を想定した場合のトルク-速度特性である．この場合は，トルク-速度関係は直線となるので，速度範囲はパワー一定曲線より狭い．また，油圧では分割シリンダ方式という器用なことができるが電動ではこれに対応することはできない．すなわち，電動の方が速度制御範囲が狭くなる．

パワーのいる機械では油圧の方が制御的にも優れていることの一つの例である．また機械全体に対して省エネになっている．

参考文献

1) Rexroth GmbH. R. Kordak : Hydrostatische Antriebe mit Sekundarregelung, Der Hydraulik Trainer, Band 6 (1996).
2) 日機連，平成7年度，油圧駆動における定圧力源システムによる省エネルギーの調査研究報告書 (1996-3).
3) 大科：パワーデザイン，**29**，1 (1991) p. 50.
4) G. Leidinger : O+P, **36**, Nr. 4 (1992) pp. 222-232.
5) 林他：Honda R & D Techinical Review, **5** (1993) pp. 71-79.
6) Y. Kita et al. : JHPS Int. Symp. on Fluid Power, Tokyo (1989-March) pp. 113-118.
7) 一柳：油圧と空気圧，**24**，2 (1993-3) pp. 183-189.
8) 本間：日本機械学会論文集(C編)，**60**，578 (1994-10) pp. 178-185.

索 引

ア 行

IAP (Integrated Actuator Package) ……………………………13
ICC ポンプ (Intelligent Control Pump) ……………………………9
曖昧性……………………………55
アキュムレータ ……………2, 188
アクティブアキュムレータ………11
アクティブサスペンション ……152
アクティブ振動制御 ……………149
アクティブ制振……………………11
アクティブ制御 ……………147, 149
圧延機制御 ………………………135
圧力制御弁…………………………20
安定化制御器 ……………………102
安定化フィルタ ……………103, 104
EMM (Exact Model Matching) …29, 32
位相遅れ………………………66, 69, 71
位相進み補償 ……………………67, 70
位相進み補償性 ……………………72
位相補償……………………………63
位相補償性能 ……………………71, 72
一般化プラント ……………………86, 97
IF-THEN 規則 ……………………50
インダクションモータ……………56
インバータ制御かしめ機 ………192
HST (Hydro-Static Transmission) ……………………9, 181, 183
HST 駆動式油圧ショベル ……190
HMT (Hydro - MechanicalTransmission) ………………175, 184, 185
H_∞ 制御………………………84, 122
H_∞ 制御理論 ……………………150
H_∞ ノルム ………………………85
NC テーブル ……………………45
エネルギー回収システム ………187
エネルギー効率 …………………174
エネルギー節約システム…………10
エフ・エル・スミス (F. L. Smidth)社 ……………………………49
FBA ………………………………181
LFC (Learning Fuzzy Controller) ……………………………67, 68
エンジンスピードセンシング制御……10
オートチューニング機能 ………129
オートチューニング技術 ………129
オートチューニングシステム ……130
オートモーティブ制御 …………181

カ 行

Karnopp の切換え則 ……………148
階層型ニューラルネットワーク …126, 127
可位相補償範囲 ……………………67, 72
回転型サーボ弁……………………16
開ループ制御………………………80
拡張 H_∞ 制御 ……………………87
加速度偏差…………………………57
可調整パラメータ ……………35, 39
過渡振動 ……………………54, 55
可変減衰器 ………………………147
可変構造制御方式…………………90
可変容量型油圧ポンプ……………56
間接法………………………………31
感度関数……………………………76
簡略化ファジィ推論………………52
簡略化ファジィ推論法……………52
簡略型ファジィ制御………………67
外乱…………………………………76
外乱オブザーバ……………………98
外乱補償制御………………………98
ガウシアン型………………67, 69, 71
ガウシアン型の関数………………67
ガウシアン型メンバーシップ関数………71

ガウシアン関数 ……………………64, 65
学習アルゴリズム ………………………58
学習型ファジィ制御 ………54, 55, 66, 67
学習型ファジィ制御システム……………67
学習係数………………………58, 63, 69
学習条件…………………………………69
学習ファジィ制御………………………72
規格化定数方法…………………………57
規則化定数………………………………57
規則表の分割数…………………………65
帰属度……………………………………50
規範モデル………………………… 29, 36
希望伝達関数……………………………37
教師付き学習 …………………………126
教師なし学習 …………………………126
極配置……………………………29, 31, 76
空間周波数 ……………………………142
クレーン ………………………………176
傾斜式アキシアルプランジャポンプ……56
ゲイン定数………………………………59
結合荷重…………………………………58
結論 …………………………………51, 52
減衰力……………………………………54
現代制御理論…………………… 55, 121
後件部…………………………… 50, 51, 57
後件部重み………………………68, 69, 72
後件部定数 …………………… 55, 57, 59
後件部変数………………………………51
更新式……………………………………68
高速電磁弁………………………………21
小型高速ポンプ…………………………13
誤差逆伝搬法 …………………………126
誤差同定器出力…………………………39
古典制御 ………………………………121
混合感度問題 ……………………… 78, 86

サ 行

サーボ……………………………………74
サーボ剛性………………………………79
サーボ弁………………………… 4, 15, 40

再帰型ファジィ制御……………………53
最急降下法………………………66, 68, 72
最小二乗法アルゴリズム………………40
最適制御…………………………… 76, 121
最適レギュレータ理論 ………………149
サスペンション制御……………………54
ザデー（Zadeh）………………… 49, 50
差動 PWM 制御 ………………………24
三角型……………………………67, 69, 71
三角型関数 ………………………63, 64, 65
三角型メンバーシップ関数……………57
GA ……………………………………53, 66
GDKF（Glover, Doyle, Khargonekar, Francis）法………………………86
CPS（Constant Pressure System）
…………………………………175, 179
ジグモイド関数 ………………………125
自己調整器………………………………54
事実………………………………………51
自動変速機………………………………54
シナプス ………………………………124
車体傾斜制御 …………………………161
車両の振動モデル ……………………143
集中定数系………………………………75
出力結合型 ……………………………185
出力誤差…………………………………58
神経回路網 ……………………………123
振動制御 …………………………142, 146
振動乗り心地 …………………………142
重心法……………………………………51
自由パラメータ…………………… 87, 104
浄水場薬品注入制御……………………49
状態フィードバック…………………29, 76
人的要因…………………………………52
推論規則…………………………………50
数式モデルアプローチ…………………52
スカイフックダンパ系 ………………147
スカイフックダンパ制御 ……155, 157, 159
スモールゲイン定理……………………85
スライディングモード制御……………89

スライディングモードの存在条件	91	直動型サーボ弁	16
制御規則	63	2P・ネガコン	188
制御規則回転角	68, 69	定圧力源システム	174
制御規則の回転角度	63	Diophantine の定理	32
制御規則表	57, 62, 64, 65, 66, 70	適応制御	29, 34, 39
制御規則表の制御ルール	65	適応制御理論	43
制御戦略	55	適応ファジィ制御	53
制御の安定性	53, 63	適合度	52, 59, 60
制御の信頼性	53	δ 演算子	47
制御バルブ	54	電気・油圧サーボ系	40, 54
制御ルール	66	電気・油圧サーボシステム	29, 40
整定	61	電気・油圧式位置決めサーボ系	43
成立度	68	電子制御ポンプ	10
z 変換	36	電子制御油圧ポンプ	9
セミアクティブサスペンション	54	等感覚曲線	143
セミアクティブ制御	147, 148	動吸振器	146
セルフチューニングレギュレータ	30	同定誤差	35
線形関数を用いた推論法	50	動的システム	75
線形特性	52	動力回生制御	8
前件部	51, 52, 57	トラクションコントロール	54
前件部定数	57	トランスフォーマ	175

ナ 行

前件部変数	51
前後非干渉	145
全体空間	50	2自由度制御系	96

前置補償器	32	入・出力ゲインの調整	54
前置補償器の伝達関数	37	ニューラルネットワーク	53, 66, 123
騒音低減法	12	入力結合型	185
相互結合型	125	粘性減衰器	146

ハ 行

操作経験	55		
操作量	57, 61	ハイドロトランスマチック	182, 183
相補感度関数	76	パイロット操作逆止め弁	56
属性	50	バタリーニ型	185
速度型	60	バタリーニ型ミッション	187
速度分割型	185	バックプロパゲーション (back propagation)	125, 126

タ 行

台集合	50	パッシブ制御	146
立ち上がり	61	パラメータ調整則	40
タンデム型	187	パルス伝達関数	36
直接法	31, 37	バルブ制御	190

パワーシフト ……………………………183
パワーショベル ……………………………7
パワーステアリング………………………54
PID 制御 …………………………………121
PWM 制御…………………………………24
非線形系……………………………………66
非線形系要素………………………………65
非線形最適化問題…………………………66
非線形要素 ……………………54, 55, 63, 64
非ファジィ化………………………………51
比例電磁弁…………………………………19
ファジィ IF-THEN 規則 …………………52
ファジィクラスタリング…………………53
ファジィコントローラ ………………54, 56
ファジィ集合 ………………49, 50, 51, 52
ファジィ推論 …………………49, 50, 70
ファジィ推論形……………………………51
ファジィ制御 …49, 51, 52, 53, 54, 55, 66, 72
ファジィ制御規則…………………………57
ファジィ分割 …………………………57, 67
ファジィ変数………………………60, 63, 68
ファジィモデル……………………………63
ファジィ理論………………………………49
ファジィルール ………………50, 51, 66
ファジィルール集合 ……………………49, 51
フィードバック制御………………80, 121
フィードバック制御システム……………74
フィードフォワード制御 ………………121
不動点……………………………………144
フライホイール…………………………188
ブレーキ・エネルギーの回収 …………187
分割数…………………………………65, 66
分布定数系…………………………………75
プランジャ…………………………………57
プラントの動特性…………………………35
プレス……………………………………178
閉ループ制御………………………………80
偏差…………………………………………68
ホイールローダ …………………………181
補償電圧 ………………………………57, 59

ポペット弁…………………………………24
ポンプ制御 ………………………………190
ポンプ制御式の油圧システム……………65
ポンプ制御式油圧駆動システム ……54, 55
ポンプ制御システム ……………………190

マ 行

マシニングセンタ…………………………45
max 演算 ……………………………………50
max-min 合成 ………………………………51
MATLAB……………………………87, 92, 98
マニピュレータ……………………………83
マムダニ（Mamdani）……………………49
マムダニの推論法…………………………50
マルチアキュムレータ回路 ……………188
min 演算 ……………………………………50
min-max 重心法 ……………………………52
ミニマム演算………………………………68
脈圧低減法…………………………………11
むだ時間要素 ……………………………66, 69
メカトロニクス………………………………1
メンバーシップ関数
………50, 51, 53, 57, 63, 64, 65, 67, 69, 71
メンバーシップグレード…………………50
モータ速度制御…………………………132
目標値追従性………………………………79
モデル規範型適応制御 ………………30, 35
モデルマッチング…………………………29

ヤ 行

油圧アクティブサスペンションのシステム
…………………………………………158
油圧エレベーター………………………8, 54
油圧加振機 ……………………………4, 5
油圧機器………………………………………1
油圧サーボシステム………………………78
油圧システム …………………………54, 63
油圧ショベル ……………………………9, 188
油圧シリンダ………………………………56
油圧制御システム………………………1, 4

油圧制御弁……………………………15	ルール……………………………………53
油圧トランスミッション …………174, 179	ルール改善………………………………63
油圧ポンプ ……………………………6	ルール型のアプローチ………………52
油圧ポンプ駆動用電動機………………13	ルールベース制御……………………123
油圧ポンプの制御 ……………………6	レギュレータ……………………………74
油圧ポンプのメカトロニクス化 ………8	列車自動運転……………………………49
油圧マニピュレータ……………………82	ロータリサーボ弁……………………16, 17
予見制御 ……………………156, 157, 160	ロバスト…………………………………74

ラ 行

ワ 行

離散時間コントローラ…………………36	ロバスト安定性…………………………78
離散時間制御系…………………………36	ロバスト性………………………………77
離散時間適応制御系……………………37	ロバスト制御………………76, 78, 82, 122
離散時間モデル…………………………35	1P-1M……………………………………183
離散時間モデル規範型適応制御………35	1P-2M 系…………………………………182
流量制御 ………………………………6	1P・ロードセンシング………………188

Ⓡ	〈学術著作権協会委託〉		
2001		2001年7月10日 第1版発行	

─ メカトロ油圧技術 ─

学会との申し合せにより検印省略

Ⓒ著作権所有

本体 3600 円

編 集 者	社団法人 日本機械学会
発 行 者	株式会社 養賢堂 代表者 及川 清
印 刷 者	株式会社 三秀舎 責任者 山岸真純

発 行 所　〒113-0033 東京都文京区本郷5丁目30番15号
　　　　　株式会社 養賢堂　電話 東京(03)3814-0911　振替00120
　　　　　　　　　　　　　　FAX 東京(03)3812-2615 [7-25700]
　　　　　ISBN4-8425-0084-0 C3053

PRINTED IN JAPAN　　　製本所　板倉製本印刷株式会社

本書の無断複写は、著作権法上での例外を除き、禁じられています。
本書からの複写許諾は、学術著作権協会（〒107-0052 東京都港区赤坂 9-6-41 乃木坂ビル3階、電話 03-3475-5618、FAX 03-3475-5619）から得て下さい。